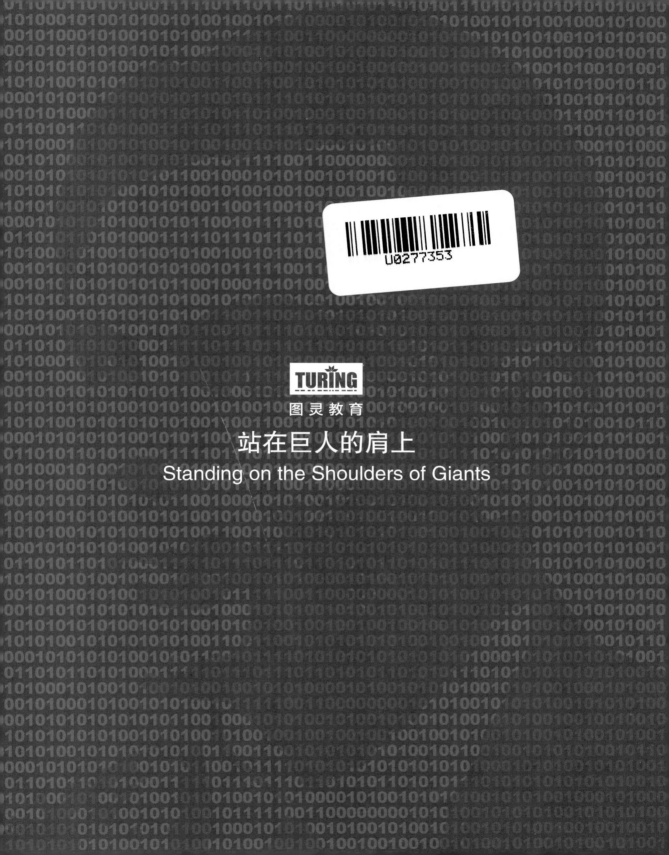

TURING

图灵教育

站在巨人的肩上

Standing on the Shoulders of Giants

TURING

图灵教育

站在巨人的肩上

Standing on the Shoulders of Giants

TURING 图灵程序设计丛书

블록과 함께 하는 파이썬 딥러닝 케라스

Keras深度学习

基于Python

[韩] 金兑映◎著 颜廷连◎译

人民邮电出版社

北　京

图书在版编目（CIP）数据

Keras深度学习：基于Python ／（韩）金兑映著；
颜廷连译. -- 北京：人民邮电出版社，2020.3
（图灵程序设计丛书）
ISBN 978-7-115-53261-9

Ⅰ．①K… Ⅱ．①金… ②颜… Ⅲ．①软件工具—程序
设计 Ⅳ．①TP311.561

中国版本图书馆CIP数据核字(2020)第000113号

内 容 提 要

在众多深度学习框架中，最容易上手的就是 Keras，其简单、可扩展、可重复使用的特征使得非深度学习者也能轻松驾驭。本书通过日常生活中常见的乐高模块，以简洁易懂的语言介绍了使用 Keras 时必知的深度学习概念，提供了可实操的 Python 源代码，讲解了能够直观构建并理解深度学习模型的模块示例。

本书适合深度学习初学者、有一定基础且需要实际动手操作的中级水平者阅读。

◆ 著 [韩] 金兑映
译 颜廷连
责任编辑 傅志红
责任印制 周昇亮
◆ 人民邮电出版社出版发行 北京市丰台区成寿寺路11号
邮编 100164 电子邮件 315@ptpress.com.cn
网址 http://www.ptpress.com.cn
临西县阅读时光印刷有限公司印刷
◆ 开本：800×1000 1/16
印张：16.25
字数：389千字 2020年 3 月第 1 版
印数：1 - 3 000册 2020年 3 月河北第 1 次印刷
著作权合同登记号 图字：01-2018-1419号

定价：99.00元
读者服务热线：(010)51095183转600 印装质量热线：(010)81055316
反盗版热线：(010)81055315
广告经营许可证：京东工商广登字 20170147 号

前言

Keras，简洁之美。

即使你不是深度学习专家，也可以跟着本书轻松构建并使用深度学习模型。本书由以下 4 章构成：

第 1 章：了解 Keras，为之后的使用做准备；

第 2 章：熟悉使用 Keras 时必须掌握的深度学习基础概念；

第 3 章：了解 Keras 的主要层，创建核心模型；

第 4 章：介绍基本示例应用，帮助选择与问题相对应的模型。

本书共同编著者：

李泰京、朴宥子、金始俊、金敏俊、金敏率

致谢：

安兆理、金昌代、成悦女、金淑美、李禹朋

崔名祯、朴贤宇、赵韩弟、杨乘凡、杨润静、张淑敏

朴相勋、杨钟烨、金泰兼、张秀妍、黄静儿、文龙载

金程勋、法国 saulaie 以及 InSpace 团队成员

Keras 韩国运营团队（全美静、李相勋、李泰京、姜衡石、黄俊元）以及全部 5000 名成员，感谢在本书编写过程中提供的支持和帮助。

2019 年 1 月

金兑映

目录

第 1 章

走进 Keras

1.1 关于 Keras

Keras——令人神往的简洁之美。

Keras 是基于 Python 编写而成的深度学习库,操作简便。它提供直观的 API,即使是非专业人员,也可以在各自的领域轻松使用和开发深度学习模型。Keras 以 TensorFlow、Theano、CNTK 作为后端引擎运行,不过用户没必要了解这些复杂的内部引擎。Keras 提供直观而简洁的 API,借此可构建多重感知神经网络层、卷积神经网、循环神经网或者结合这些模型的综合模型,以及多重输入或者输出等。

1.1.1 为什么是 Keras

Keras 最初是 ONEIROS(Open-ended Neuro-Electronic Intelligent Robot Operating System,开元神经网络库)项目的一部分,ONEIROS(奥涅伊洛斯,希腊神话中的梦神)的复数形态是 Onirii(俄尼里伊)。Keras(κέρας)在希腊语中意为"角",俄尼里伊(ονειρο)是希腊神话中的三千梦神,两者皆起源于希腊神话。下面我们先简单了解一下。

希腊神话中,梦神俄尼里伊居住在太阳神赫利俄斯的宫殿周围,通过两扇大门向人类托梦,传达神谕。从角门出来的是事关未来的真实之梦,而从象牙门出来的则是虚假之梦。也就是说,俄尼里伊用梦引领未来,通过角门(Keras)托梦。神心情不好时,也会托假梦。宙斯给阿伽门农托假梦说特洛伊即将灭亡,阿伽门农梦到之后攻击了特洛伊,最终希腊军队战败。这个虚假之梦应该是从象牙门出来的吧?如果相信的话,那只能家破人亡了。

说点题外话。俄尼里伊是夜之女神尼克斯和睡神修普诺斯之子，人数多达三千。其中名为摩耳甫斯（Morpheus）的神是拟人梦神，善于幻化成人的形象，为三千梦神之首。电影《黑客帝国》中，同名人物出现在主人公尼奥的虚拟世界中，负责引领他走向现实。

我们训练的模型真伪谁都无从得知。虽然用数据集可以测定训练和验证过程中的精度，但是在实战中很难验证结果。就像我们无法获知俄尼里伊传达的梦是真还是假一样。可能是因为人们期待训练模型所传达都是真实信息，所以深度学习库才会被命名为 Keras（牛角）吧。

如果说用 Keras 创建了模型，是不是感觉在实战中有更高的可信度？那现在我们正式开始了解 Keras 吧。

> （上文内容非常感谢在神话领域博闻多识的 wingikaros 的帮助。）

1.1.2　Keras 的主要特征

Keras 有以下 4 个特征。

❏ 模块性（Modularity）
- Keras 提供的模块相对独立，且可配置，能够以最少的代价相互连接。模型就通过序列或图将这些模块组合在一起。
- 具体而言，神经网络层、代价函数、优化器、初始化策略、激活函数、正则化方法都是独立的模块，你可以使用它们来构建自己的模型。

❏ 极简主义（Minimalism）
- 每个模块都短小精干。
- 每一段代码都应该直观易懂。
- 但迭代和创新性方面可能有麻烦。

❏ 易扩展性
- 利用新的类或函数可以轻松添加模块。
- 因此，Keras 更适合用于先进的研究工作。

❏ 基于 Python
- Keras 不需要单独的模型配置文件类型（而 Caffe 有），模型由 Python 代码描述。

开发和维护 Keras 的人是谷歌工程师弗朗索瓦·肖莱（François Chollet）。

1.1.3　Keras 的基本概念

Keras 最核心的数据结构就是模型。Keras 提供的序列模型能够依次叠加想要的层。如果要构建多层输入 / 输出的复杂模型，使用 Keras 函数 API 即可。可按照如下步骤，通过 Keras 构建深度学习模型。以下步骤与其他深度学习库并无不同，但是更简单直观。

1. 生成数据集
❏ 调用原数据或者通过模拟生成数据。
❏ 生成训练集、验证集、实验集。
❏ 改变格式以确保深度学习模型可以训练和评价。

2. 构建模型

❑ 创建一个序列模型并添加配置层。

❑ 要构建多层输入 / 输出的复杂模型，使用 Keras 函数 API 即可。

3. 设置模型训练过程

❑ 训练之前完成训练相关设置。

❑ 指定代价函数和优化器。

❑ 在 Keras 中使用 compile 函数。

4. 训练模型

❑ 用训练集训练构建的模型。

❑ 在 Keras 中使用 fit 函数。

5. 查看训练过程

❑ 训练模型时，验证训练集、验证集的错误及精度。

❑ 观察错误及精度随循环次数变化的趋势，判断训练状态。

6. 评价模型

❑ 用验证集评价训练的模型。

❑ 在 Keras 中使用 evaluate 函数。

7. 使用模型

❑ 通过任意输入获得模型的输出。

❑ 在 Keras 中使用 predict 函数。

我们利用 Keras 简单实现了对手写体视频进行分类的模型。这段代码将纵横 28×28 像素的图像转换为一维的 784 向量，并对其进行训练和评价，精度高达 93.4%。下面通过实操不同模型逐一讲解各函数和参数。

```python
# 0. 调用要使用的包
from keras.utils import np_utils
from keras.datasets import mnist
from keras.models import Sequential
from keras.layers import Dense, Activation

# 1. 生成数据集
(x_train, y_train), (x_test, y_test) = mnist.load_data()
x_train = x_train.reshape(60000, 784).astype('float32') / 255.0
x_test = x_test.reshape(10000, 784).astype('float32') / 255.0
y_train = np_utils.to_categorical(y_train)
y_test = np_utils.to_categorical(y_test)

# 2. 构建模型
model = Sequential()
model.add(Dense(units=64, input_dim=28*28, activation='relu'))
model.add(Dense(units=10, activation='softmax'))

# 3. 设置模型训练过程
model.compile(loss='categorical_crossentropy', optimizer='sgd', metrics=['accuracy'])

# 4. 训练模型
hist = model.fit(x_train, y_train, epochs=5, batch_size=32)
```

```python
# 5. 查看模型训练过程
print('## training loss and acc ##')
print(hist.history['loss'])
print(hist.history['acc'])

# 6. 评价模型
loss_and_metrics = model.evaluate(x_test, y_test, batch_size=32)
print('## evaluation loss and_metrics ##')
print(loss_and_metrics)

# 7. 使用模型
xhat = x_test[0:1]
yhat = model.predict(xhat)
print('## yhat ##')
print(yhat)
```

```
Epoch 1/5
60000/60000 [==============================] - 2s - loss: 0.6852 - acc: 0.8255
Epoch 2/5
60000/60000 [==============================] - 1s - loss: 0.3462 - acc: 0.9026
Epoch 3/5
60000/60000 [==============================] - 1s - loss: 0.2985 - acc: 0.9154
Epoch 4/5
60000/60000 [==============================] - 1s - loss: 0.2691 - acc: 0.9231
Epoch 5/5
60000/60000 [==============================] - 1s - loss: 0.2465 - acc: 0.9297
## training loss and acc ##
[0.68520853985150654, 0.34619921547174454, 0.29846180978616077, 0.2691393312553565,
0.24649932811359565]
[0.8255000000000001, 0.90264999999999995, 0.91536666666666666, 0.9230500000000004,
0.9297333333333333]
 5440/10000 [===============>..............] - ETA: 0s## evaluation loss and_metrics ##
[0.22997545913159848, 0.93400000000000005]
## yhat ##
[[  2.22300223e-04    3.00730164e-07    2.63200229e-04    2.59373337e-03
    4.81355028e-06    1.25668041e-04    1.02932418e-07    9.94620681e-01
    5.89549527e-05    2.11023842e-03]]
```

1.2 Mac 版 Keras 安装

本节将讲述 Mac 环境下的 Keras 开发环境搭建。搭建顺序如下：

❑ 创建项目目录
❑ 创建虚拟开发环境
❑ 安装基于 Web 的 Python 开发环境 Jupyter Notebook
❑ 安装主要的包
❑ 安装深度学习库
❑ 测试安装环境
❑ 更换深度学习引擎
❑ 重启
❑ 解决错误

1.2.1 创建项目目录

我们将从用户本地目录开始。输入以下命令，转到用户本地目录。

```
$ cd ~
```

新建 Projects 文件夹并打开。

```
~ $ mkdir Projects
~ $ cd Projects
Projects $ _
```

生成 Keras 项目，命名为 **keras_talk**。

```
Projects $ mkdir keras_talk
Projects $ cd keras_talk
keras_talk $ _
```

1.2.2 创建虚拟开发环境

不同项目具备不同的开发环境，因此建议大家借助虚拟环境。下面，在上述生成的项目中创建虚拟环境。首先安装提供虚拟环境的 **virtualenv**。不需要每个项目都安装，在系统中运行一次即可。

```
keras_talk $ sudo pip install virtualenv
```

安装 virtualenv 后，我们开始实际创建虚拟环境。输入命令 ls，项目文件夹内会生成 venv文件夹。

```
keras_talk $ virtualenv venv
...
Installing setuptools, pip, wheel...done.
keras_talk $ ls
venv
```

虚拟环境创建完毕，现在开始运行。如果在搜索框内可以看到 (venv)，则证明虚拟环境设置成功。

```
keras_talk $ source venv/bin/activate
(venv) keras_talk $ _
```

1.2.3 安装基于 Web 的 Python 开发环境 Jupyter Notebook

Jupyter Notebook 支持在 Web 环境下运行 Python 代码。借助 pip 工具安装 Jupyter Notebook。

```
(venv) keras_talk $ pip install ipython[notebook]
```

安装过程中，弹出"Your pip version is out of date, ..."的错误提示时，需要升级 pip 版本后重新安装。

```
(venv) keras_talk $ pip install --upgrade pip
(venv) keras_talk $ pip install ipython[notebook]
```

按照如下命令运行 Jupyter Notebook。

```
(venv) keras_talk $ jupyter notebook
```

正常安装后，Web 搜索引擎会显示如下画面。

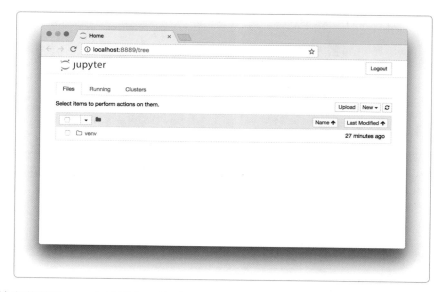

为继续安装其他包，在终端窗口按下 Control + C 后，输入 y，结束 ipython notebook。

```
Shutdown this notebook server (y/[n])? y
(venv) keras_talk $ _
```

1.2.4　安装主要的包

通过如下命令，安装 Keras 所需的主要的包。

```
(venv) keras_talk $ pip install numpy
(venv) keras_talk $ pip install scipy
(venv) keras_talk $ pip install scikit-learn
(venv) keras_talk $ pip install matplotlib
(venv) keras_talk $ pip install pandas
(venv) keras_talk $ pip install pydot
(venv) keras_talk $ pip install h5py
```

pydot 是模型可视化所必需的，要想使用 pydot，需先有 graphviz。使用 brew 工具安装 graphviz 之前，首先要安装 brew。

```
(venv) keras_talk $ /usr/bin/ruby -e "$(curl -fsSL https://raw.githubusercontent.com/Homebrew/install/master/install)"
(venv) keras_talk $ brew install graphviz
```

1.2.5 安装深度学习库

本节安装用在 Keras 里的深度学习库 Theano 和 TensorFlow。如果仅使用其中之一，则安装其一即可。

```
(venv) keras_talk $ pip install theano
(venv) keras_talk $ pip install tensorflow
```

成功后，安装 Keras。

```
(venv) keras_talk $ pip install keras
```

1.2.6 测试安装环境

● 查看安装的包的版本

为检测是否已经成功安装 Keras，需要运行示例代码。在这之前需要运行 Jupyter Notebook。

```
(venv) keras_talk $ jupyter notebook
```

如下图所示，点击右上的 New 按钮，新建配置示例代码的 Python 文件。

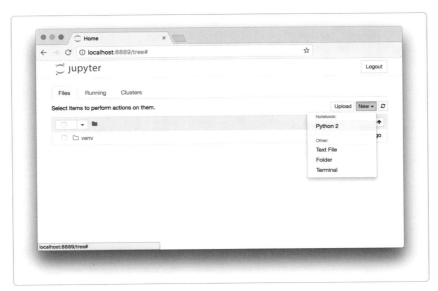

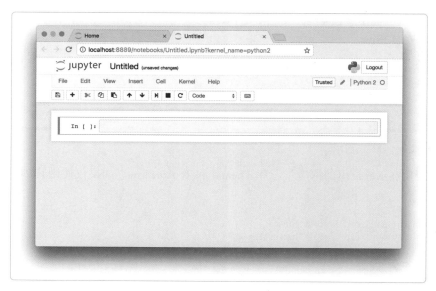

在绿色框标注的范围内输入如下代码，按 Shift + Enter 运行。

```
import scipy
import numpy
import matplotlib
import pandas
import sklearn
import pydot
import h5py

import theano
import tensorflow
import keras

print('scipy ' + scipy.__version__)
print('numpy ' + numpy.__version__)
print('matplotlib ' + matplotlib.__version__)
print('pandas ' + pandas.__version__)
print('sklearn ' + sklearn.__version__)
print('pydot ' + pydot.__version__)
print('h5py ' + h5py.__version__)

print('theano ' + theano.__version__)
print('tensorflow ' + tensorflow.__version__)
print('keras ' + keras.__version__)
```

如果每个包都显示版本，则说明安装正常。

● 查看深度学习基本模型驱动

以下示例代码在基本深度学习模型中，训练手写体数据集并做出评价。为了在新存储单元中运行，在上端菜单中选择 Insert > Insert Cell Below，生成新存储单元。在新存储单元里输入以下代码，按 Shift + Enter 运行。

```
from keras.utils import np_utils
from keras.datasets import mnist
from keras.models import Sequential
from keras.layers import Dense, Activation

(X_train, Y_train), (X_test, Y_test) = mnist.load_data()
X_train = X_train.reshape(60000, 784).astype('float32') / 255.0
X_test = X_test.reshape(10000, 784).astype('float32') / 255.0
Y_train = np_utils.to_categorical(Y_train)
Y_test = np_utils.to_categorical(Y_test)

model = Sequential()
model.add(Dense(units=64, input_dim=28*28, activation='relu'))
model.add(Dense(units=10, activation='softmax'))
model.compile(loss='categorical_crossentropy', optimizer='sgd', metrics=['accuracy'])
model.fit(X_train, Y_train, epochs=5, batch_size=32)

loss_and_metrics = model.evaluate(X_test, Y_test, batch_size=32)

print('loss_and_metrics : ' + str(loss_and_metrics))
```

如果没有错误，出现如下画面，则证明运行正常。

```
Epoch 1/5
60000/60000 [==============================] - 1s - loss: 0.6558 - acc: 0.8333
Epoch 2/5
60000/60000 [==============================] - 1s - loss: 0.3485 - acc: 0.9012
Epoch 3/5
60000/60000 [==============================] - 1s - loss: 0.3037 - acc: 0.9143
Epoch 4/5
60000/60000 [==============================] - 1s - loss: 0.2759 - acc: 0.9222
Epoch 5/5
60000/60000 [==============================] - 1s - loss: 0.2544 - acc: 0.9281
 8064/10000 [=====================>......] - ETA: 0sloss_and_metrics : [0.23770418465733528,
0.93089999999999995]
```

● 查看深度学习模型可视化功能

以下代码可将下列深度模型结构可视化。同上，为了在新的存储单元中运行，需要在上端菜单中选择 Insert > Insert Cell Below 以生成新存储单元。在新存储单元里输入以下代码，按 Shift + Enter 运行。

```
from IPython.display import SVG
from keras.utils.vis_utils import model_to_dot

%matplotlib inline

SVG(model_to_dot(model, show_shapes=True).create(prog='dot', format='svg'))
```

如果没有错误，出现如下画面，则证明运行正常。

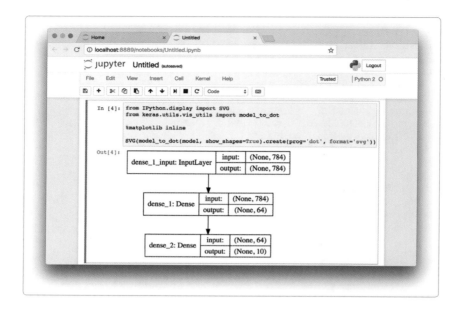

● 查看深度学习模型存储功能

以下代码存储和加载深度学习模型结构和加权值。同上，为了在新的存储单元中运行，需要在上端菜单中选择 Insert > Insert Cell Below 生成新存储单元，输入以下代码，按 Shift + Enter 运行。

```
from keras.models import load_model

model.save('mnist_mlp_model.h5')
model = load_model('mnist_mlp_model.h5')
```

代码运行过程中，没有出现错误，本地目录中生成 mnist_mlp_model.h5 文件，即视为配置正常。之前测试的文件将存储在上端菜单 File > Save and Checkpoint 中。

1.2.7　更换深度学习引擎

如果要改变后端引擎，打开文件 ~/.keras/keras.json，修改 backend 部分即可。当前使用的引擎如果是 TensorFlow，则界面显示如下。

```
...
"backend": "tensorflow"
...
```

若将 TensorFlow 换成 Theano，只需如下修改。

```
...
"backend": "theano"
...
```

1.2.8　重启

重启或者在新终端窗口重新开始，运行以下命令。

```
$ cd ~/Projects/keras_talk
$ source venv/bin/activate
(venv) $ jupyter notebook
```

1.2.9　解决错误

- Jupyter 运行错误

运行 Jupyter Notebook，但是出现以下信息提示：

```
无法识别 Open location 信息。(-1708)
```

或者

```
execution error: doesn't understand the 'open location' message. (-1708)
```

因为操作系统版本等原因，造成无法找到 Jupyter 运行的浏览器时，会出现如上提示。此时，在 Jupyter 选项中，直接设置浏览器即可。查看是否有文件 .jupyter_notebook_config.py。

```
(venv) keras_talk $ find ~/.jupyter -name jupyter_notebook_config.py
```

如果没有输出的内容，即没有文件，那么用如下命令生成文件。

```
(venv) keras_talk $ jupyter notebook --generate-config
```

打开文件 jupyter_notebook_config.py。

```
(venv) keras_talk $ vi ~/.jupyter/jupyter_notebook_config.py
```

按照如下步骤查找变量 c.Notebook.App.browser。

```
# If not specified, the default browser will be determined by the `webbrowser`
# standard library module, which allows setting of the BROWSER environment
# variable to override it.
# c.NotebookApp.browser = u''
```

用浏览器名称命名变量 c.Notebook.App.browser。在如下内容中选择一行设置即可，删除前面的 #。

```
c.NotebookApp.browser = u'chrome'
c.NotebookApp.browser = u'safari'
c.NotebookApp.browser = u'firefox'
```

保存（按下 Esc 键后，输入 wq!，按下 Enter 键）此文件后，再次运行 Jupyter，可以在保存的浏览器中看到其正常运行。设置完成后，如果没有设置浏览器路径，则会出现如下错误。

```
No web browser found: could not locate runnable browser.
```

此时需要设置浏览器的全部路径。

```
c.NotebookApp.browser = u'open -a /Applications/Google\ Chrome.app/Contents/MacOS/Google\Chrome %s'
```

小结

　　本节我们在 Mac 里安装了 tKeras，为此创建了 Jupyter Notebook 开发环境，还安装了主要的包和深度学习库。

1.3 ┃ Windows 版 Keras 安装

　　本节将讲述在 Windows 中搭建 Keras 开发环境。搭建顺序如下：
- 安装 Anaconda
- 创建项目目录
- 创建虚拟开发环境
- 安装基于 Web 的 Python 开发环境 Jupyter Notebook
- 安装主要的包
- 安装深度学习库
- 测试安装环境
- 更换深度学习引擎
- 重启
- 解决错误

1.3.1　安装 Anaconda

　　登录 https://repo.continuum.io/archive/，下载与系统相符版本的 Anaconda3。

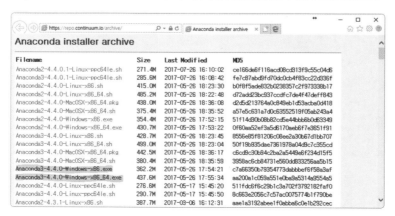

运行下载的文件，按照如下步骤安装 Anaconda。

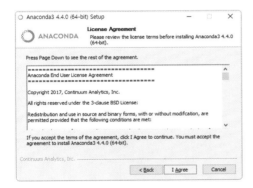

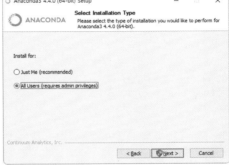

出现以上画面后，勾选 ALL Users 选项，点击 Next 进入下一步。

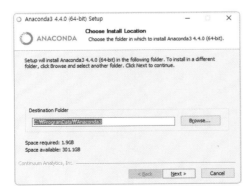

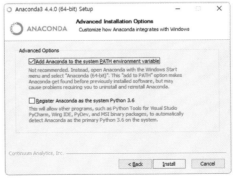

第一个选项在以下环境变量添加阶段会自动选择，所以要勾选。第二个选项不会对实操产生影响，可根据需要勾选。

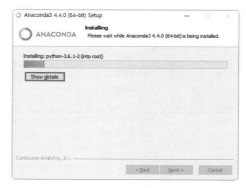

没有正常安装，弹出 Failed to create Anaconda menus 信息时，在控制面板 > 系统和安全 > 系统 > 高级系统设置 > 环境变量下【系统变量】中，查看是否有 Java 相关的环境变量。如果有，则暂时保存后删除，然后安装。若未弹出错误信息提示，正常安装结束后，可重新生成变量。

在控制面板 > 系统和安全 > 系统 > 高级系统设置 > 环境变量下【系统变量】中的 Path 内，添加如下路径。若已经存在路径，则不必重复添加。

```
【要添加的路径】
C:\ProgramData\Anaconda3
C:\ProgramData\Anaconda3\Scripts
C:\ProgramData\Anaconda3\Library\bin
```

此时，如果 Path 中有 Python 路径，要把上述路径添加在 Python 路径之前。若没有如下路径，则跳过此步骤。

```
【python 路径（例）】
C:\Python27
C:\Python27\Scripts
C:\Python27\Lib\site-packages
```

按 Windows 键 + R，运行命令提示符，在 cmd 窗口输入如下命令，安装完毕。

```
>conda --version [Enter]
conda 4.3.21
```

接着输入如下命令，查看 Python 是否正常运行。若正常，则表示安装成功。

```
>python [Enter]
```

1.3.2　创建项目目录

按 Windows 键 + R，输入 cmd，运行命令提示符。为避免权限问题，以管理员权限运行命令提示符。输入如下命令，跳转至 C 盘。

```
>cd c:\
c:\>_
```

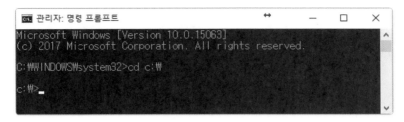

为方便练习，生成 Projects 文件夹并打开。

```
c:\>mkdir Projects
c:\>cd Projects
c:\Projects>_
```

生成一个 Keras 项目，命名为 keras_talk。

```
c:\Projects>mkdir keras_talk
c:\Projects>cd keras_talk
c:\Projects\keras_talk>_
```

1.3.3 创建虚拟环境

因为各项目的开发环境不同，所以使用虚拟环境更加方便。下面，在上述生成的项目中创建虚拟环境。在命令提示符中运行以下命令，生成虚拟环境。此时，为防止出现权限问题，使用管理员权限运行命令提示符。出现确认安装的提示后，输入 y 安装即可。

```
c:\Projects\keras_talk>conda create -n venv python=3.5 anaconda
```

用以下命令生成虚拟环境。输入框中出现 (venv)，则表示成功生成虚拟环境。

```
c:\Projects\keras_talk>activate venv
```

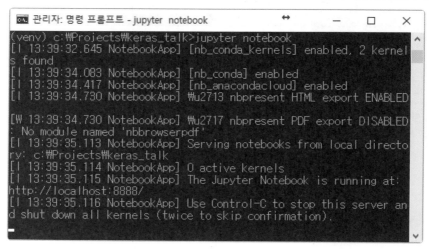

1.3.4　安装基于 Web 的 Python 开发环境 Jupyter Notebook

按照如下命令安装 Jupyter Notebook。安装过程中，如果弹出安装窗口，输入 y 继续即可。

```
(venv) c:\Projects\keras_talk>conda install -n venv ipython notebook
```

按照如下命令，运行 Jupyter Notebook，命令提示符窗内显示如下。

```
(venv) c:\Projects\keras_talk>jupyter notebook
```

正常安装后，Web 浏览器运行如下。

接下来安装其他包。在命令提示符窗口输入 Control+C，关闭 Notebook。

1.3.5 安装主要的包

输入如下命令，安装 Keras 的主要包。安装过程中，若弹出安装窗口，输入 y 继续即可。

```
(venv) c:\Projects\keras_talk>conda install -n venv numpy matplotlib pandas pydotplus h5py
scikit-learn
(venv) c:\Projects\keras_talk>conda install -n venv scipy mkl-service libpython m2w64-
toolchain
```

1.3.6 安装深度学习库

输入如下命令，安装 Keras 所需的深度学习库 Theano 和 TensorFlow。

```
(venv) c:\Projects\keras_talk>conda install -n venv git graphviz
(venv) c:\Projects\keras_talk>pip install --ignore-installed --upgrade tensorflow
```

输入如下命令，下载 Keras 后，使用 cd 命令前往 keras 文件夹。

```
(venv) c:\Projects\keras_talk>git clone https://github.com/fchollet/keras.git
(venv) c:\Projects\keras_talk>cd keras
(venv) c:\Projects\keras_talk\keras>_
```

输入如下命令，安装 Keras。

```
(venv) c:\Projects\keras_talk\keras>python setup.py install
```

1.3.7 测试安装环境

- 查看安装的包的版本

前往项目文件夹，查看所有环境是否正常安装。输入如下命令，运行 Jupyter Notebook。

```
(venv) c:\Projects\keras_talk\keras>cd ..
(venv) c:\Projects\keras_talk>_
(venv) c:\Projects\keras_talk>jupyter notebook
```

如下图所示，点击右上的 New 按钮，生成示例代码 Python 文件。

成功生成后，会弹出如下页面，可输入代码。

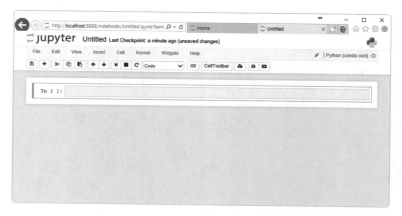

在绿框标注的范围内，插入如下代码，按 Shift + Enter 运行。

```
import scipy
import numpy
import matplotlib
import pandas
import sklearn
import pydotplus
import h5py

import theano
import tensorflow
import keras

print('scipy ' + scipy.__version__)
print('numpy ' + numpy.__version__)
print('matplotlib ' + matplotlib.__version__)
print('pandas ' + pandas.__version__)
print('sklearn ' + sklearn.__version__)
print('h5py ' + h5py.__version__)

print('theano ' + theano.__version__)
print('tensorflow ' + tensorflow.__version__)
print('keras ' + keras.__version__)
```

每个包正常显示版本，则表明安装成功。

- 查看深度学习基本模型驱动

以下示例代码在基本深度学习模型中，训练手写体数据集并加以评价。为在全新的存储单元里运行，需在相应菜单中选择 Insert > Insert Cell Below，生成全新的存储单元。在新存储单元中输入以下代码，按 Shift + Enter 运行。

```
from keras.utils import np_utils
from keras.datasets import mnist
from keras.models import Sequential
from keras.layers import Dense, Activation

(X_train, Y_train), (X_test, Y_test) = mnist.load_data()
X_train = X_train.reshape(60000, 784).astype('float32') / 255.0
X_test = X_test.reshape(10000, 784).astype('float32') / 255.0
Y_train = np_utils.to_categorical(Y_train)
Y_test = np_utils.to_categorical(Y_test)

model = Sequential()
model.add(Dense(units=64, input_dim=28*28, activation='relu'))
model.add(Dense(units=10, activation='softmax'))
model.compile(loss='categorical_crossentropy', optimizer='sgd', metrics=['accuracy'])
model.fit(X_train, Y_train, epochs=5, batch_size=32)

loss_and_metrics = model.evaluate(X_test, Y_test, batch_size=32)

print('loss_and_metrics : ' + str(loss_and_metrics))
```

如果没有错误提示并显示如下内容，则视为正常运行。

```
Epoch 1/5
60000/60000 [==============================] - 1s - loss: 0.6558 - acc: 0.8333
Epoch 2/5
60000/60000 [==============================] - 1s - loss: 0.3485 - acc: 0.9012
Epoch 3/5
60000/60000 [==============================] - 1s - loss: 0.3037 - acc: 0.9143
Epoch 4/5
60000/60000 [==============================] - 1s - loss: 0.2759 - acc: 0.9222
Epoch 5/5
60000/60000 [==============================] - 1s - loss: 0.2544 - acc: 0.9281
 8064/10000 [=====================>......] - ETA: 0sloss_and_metrics : [0.23770418465733528,
0.93089999999999995]
```

- 查看深度学习模型可视化功能

以下代码将深度学习模型结构可视化。同上，为在全新的存储单元里运行，需在相应菜单中选择 Insert > Insert Cell Below，生成全新的存储单元。在新存储单元中输入以下代码，按 Shift + Enter 运行。

```python
from IPython.display import SVG
from keras.utils.vis_utils import model_to_dot

%matplotlib inline

SVG(model_to_dot(model, show_shapes=True).create(prog='dot', format='svg'))
```

如果没有错误提示并显示如下画面，则视为正常运行。

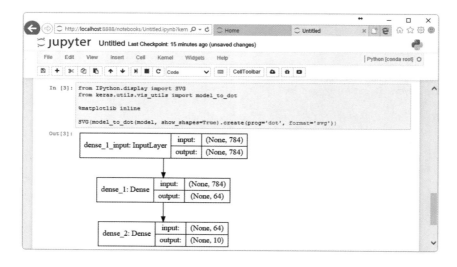

- 查看深度学习模型存储功能

以下代码可以存储和加载深度学习模型结构和加权值。同上，为在全新的存储单元里运行，需在相应菜单中选择 Insert > Insert Cell Below，生成全新的存储单元。在新存储单元中输入以下代码，按 Shift + Enter 运行。

```
from keras.models import load_model

model.save('mnist_mlp_model.h5')
model = load_model('mnist_mlp_model.h5')
```

如果运行以上代码时没有发生错误，且本地目录中生成 mnist_mlp_model.h5 文件，则视为正常运行。使用 File > Save and Checkpoint 保存之前已测试的文件。

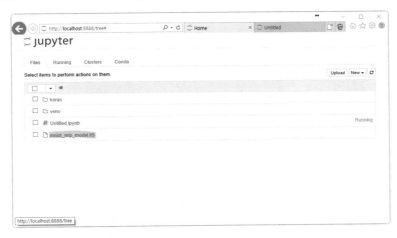

1.3.8 重启

重启或者在新命令窗口重新开始时，运行如下命令。

```
c:\Projects\keras_talk>activate venv
(venv) c:\Projects\keras_talk>jupyter notebook
```

1.3.9 解决错误

- **pydot 错误**

运行深度学习模型可视化功能时，弹出如下错误：

```
GraphViz's executables not found
```

或者

```
Failed to import pydot. You must install pydot and graphviz for pydotprint to work.
```

此错误出现的原因是没有正确安装 graphviz，或者未设置路径。

❑ 登录 http://www.graphviz.org/Download_windows.html，下载 graphviz-2.38.msi。

❑ 运行 graphviz-2.38.msi，安装 graphviz。

❑ 安装完成，在控制面板 > 系统和安全 > 系统 > 高级系统设置 > 环境变量下新建如下变量。

☐ 在环境变量 > 系统变量的 Path 中，添加如下路径。

```
C:\Program Files (x86)\Graphviz2.38\bin
```

☐ 保存环境变量后，关闭运行 Jupyter Notebook 的 cmd 窗口，重新开始。
☐ 重新运行代码，如未出现错误信息，则视为安装成功。

- Jupyter 运行错误

Jupyter 运行时，发生如下错误：

Copy/paste this URL into your browser when you connect for the first time, to login with a token:
http://localhost:8888/?token=7c0dxxx

此错误出现的原因是浏览器的权限问题。打开浏览器，重新点击控制台窗口显示的链接。

- TensorFlow 库导入错误

导入 TensorFlow 库时出现如下错误：

```
Traceback (most recent call last):
  File "C:\...\Python36\lib\site-packages\tensorflow\python\pywrap_tensorflow_internal.py", line 18,
in swig_import_helper
    return importlib.import_module(mname)
  File "C:\...\Python36\lib\importlib\__init__.py", line 126, in import_module
    return _bootstrap._gcd_import(name[level:], package, level)
  File "", line 994, in _gcd_import
  File "", line 971, in _find_and_load
  File "", line 955, in _find_and_load_unlocked
  File "", line 658, in _load_unlocked
  File "", line 571, in module_from_spec
  File "", line 922, in create_module
  File "", line 219, in _call_with_frames_removed
ImportError: DLL load failed: A dynamic link library (DLL) initialization routine failed.

During handling of the above exception, another exception occurred:
Traceback (most recent call last):
```

```
  File "C:\...\Python36\lib\site-packages\tensorflow\python\pywrap_tensorflow.py", line 58, in
    from tensorflow.python.pywrap_tensorflow_internal import *
  File "C:\...\Python36\lib\site-packages\tensorflow\python\pywrap_tensorflow_internal.py", line 21, in
    _pywrap_tensorflow_internal = swig_import_helper()
  File "C:\...\Python36\lib\site-packages\tensorflow\python\pywrap_tensorflow_internal.py", line 20, in
swig_import_helper
    return importlib.import_module('_pywrap_tensorflow_internal')
  File "C:\...\Python36\lib\importlib\__init__.py", line 126, in import_module
    return _bootstrap._gcd_import(name[level:], package, level)
ModuleNotFoundError: No module named '_pywrap_tensorflow_internal'

During handling of the above exception, another exception occurred:

Traceback (most recent call last):
  File "", line 1, in
  File "C:\...\Python36\lib\site-packages\tensorflow\__init__.py", line 24, in
    from tensorflow.python import *
  File "C:\...\Python36\lib\site-packages\tensorflow\python\__init__.py", line 49, in
    from tensorflow.python import pywrap_tensorflow
  File "C:\...\Python36\lib\site-packages\tensorflow\python\pywrap_tensorflow.py", line 74, in
    raise ImportError(msg)
ImportError: Traceback (most recent call last):
  File "C:\...\Python36\lib\site-packages\tensorflow\python\pywrap_tensorflow_internal.py", line 18, in
swig_import_helper
    return importlib.import_module(mname)
  File "C:\...\Python36\lib\importlib\__init__.py", line 126, in import_module
    return _bootstrap._gcd_import(name[level:], package, level)
  File "", line 994, in _gcd_import
  File "", line 971, in _find_and_load
  File "", line 955, in _find_and_load_unlocked
  File "", line 658, in _load_unlocked
  File "", line 571, in module_from_spec
  File "", line 922, in create_module
  File "", line 219, in _call_with_frames_removed
ImportError: DLL load failed: A dynamic link library (DLL) initialization routine failed.

During handling of the above exception, another exception occurred:

Traceback (most recent call last):
  File "C:\...\Python36\lib\site-packages\tensorflow\python\pywrap_tensorflow.py", line 58, in
    from tensorflow.python.pywrap_tensorflow_internal import *
  File "C:\...\Python36\lib\site-packages\tensorflow\python\pywrap_tensorflow_internal.py", line 21, in
    _pywrap_tensorflow_internal = swig_import_helper()
  File "C:\...\Python36\lib\site-packages\tensorflow\python\pywrap_tensorflow_internal.py", line 20, in
swig_import_helper
    return importlib.import_module('_pywrap_tensorflow_internal')
  File "C:\...\Python36\lib\importlib\__init__.py", line 126, in import_module
    return _bootstrap._gcd_import(name[level:], package, level)
ModuleNotFoundError: No module named '_pywrap_tensorflow_internal'

Failed to load the native TensorFlow runtime.

See https://www.tensorflow.org/install/install_sources#common_installation_problems

for some common reasons and solutions.  Include the entire stack trace
above this error message when asking for help.
```

此时，从随书资源下载 http://tykimos.github.io/warehouse/files/tensorflow-1.6.0-cp36-cp36m-win_amd64.whl 文件，再次安装 TensorFlow 学习库。为防止再次安装时出现权限问题，先输入如下命令，删除已安装的 TensorFlow 学习库，弹出是否继续安装的窗口时，点击 y。

```
(venv) c:\Projects\keras_talk>pip uninstall tensorflow
.
.
.
Successfully uninstalled tensorflow-1.6.0
(venv) c:\Projects\keras_talk>_
```

将下载的文件放到 c:/Projects/keras_talk，输入如下命令进行安装。弹出是否继续安装的窗口时，点击 y 继续安装。有时，在安装过程中，也会同时安装 TensorFlow 学习库所需要的其他学习库。

```
(venv) c:\Projects\keras_talk>pip install tensorflow-1.6.0-cp36-cp36m-win_amd64.whl
.
.
.
Successfully installed tensorflow-1.6.0
(venv) c:\Projects\keras_talk>_
```

安装完毕，运行 Jupyter Notebook，检查 TensorFlow 学习库是否正常导入。

小结

本节我们在 Windows 环境下安装了 Keras，为此安装了 Jupyter Notebook，以及主要的包和深度学习库。

第 2 章

深度学习概念

2.1 数据集简介

要想训练深度学习模型，首要的就是要有数据集。要解决的问题以及要创建的模型不同，数据集的设计也不同。下面探讨如何构建和验证数据集。

2.1.1 训练集、验证集和测试集

假定你是高中班主任，带了 3 名即将高考的学生。让我们来猜一下，3 人中谁会考得最理想。你有 5 轮模拟考试题和去年高考题 1 份。可类比如下。

- □ 5 轮模拟考试题：训练集
- □ 去年高考题：测试集
- □ 3 名学生：3 个模型
- □ 今年高考题：实际数据（保密数据）

需要注意的是，"训练"是指拿到试题，解题后对着答案学习。"评价"是指拿到试题解答后，验证对错并计算分数，在这个过程中，看不到学生的解题过程，只能看分数，所以不发生"训练"。

- 情景 1

能找出今年高考考得最好的学生的最简单方法是什么呢？ 当然就是通过今年的高考题，挑选得分最高的学生。但是，遗憾的是，我们不能在今年高考前猜中高考题。对此，我们称之为"看不到"的数据（unseen data）。

● 情景 2

通过去年 5 轮模拟考试题进行训练后，用去年的高考题评价，挑选得分最高的学生，这样可以吗？ 虽然我们不能保证去年高考的分数高，今年分数也一定会高，但这至少是可行的评价方法。为了公平公正，不能让学生学习去年的高考题。

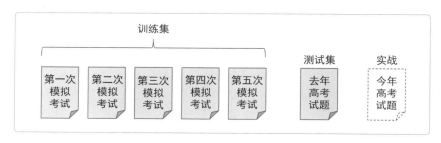

● 情景 3

难道没有学生自己根据学习状态决定改变学习方法或者停止学习的时间点吗？ 此时需要验证集。学习的时候仅学习模拟考试 1~4 轮，将第 5 轮考试作为验证集，学习的时候不使用。这种方式可以取得双重效果。第一，改变学习方法后，用训练集学习，用验证集评价。经验证集验证，评价最高的学习方法可以被认为是最好的学习方法。决定这种学习方法的参数称为超级参数（hyperparameter）。为了找到最好的学习方法，调整超级参数。这个过程称为超级参数调整（tuning）。如果有验证集，可以在自我评价的过程中找到合适的学习方法。

第二，为了验证反复训练到什么程度才是最好的，可以使用验证集。将用训练集学习一次的过程称为一个训练周期（epoch）。在初期，训练周期越多，验证集的评价结果也就越好。下图中，纵向为 100 个问题中做错的个数，横向为模拟考试解题的反复次数。如前所述，解题反复次数越多，训练集（1~4 轮模拟考试）中错的次数就越少。

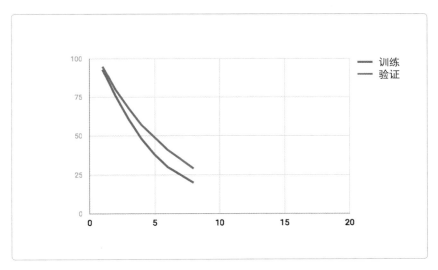

此时仍处于有待继续训练的状态，加强训练可以提高成功的可能性，我们把这种状态称为"欠拟合"（under-fitting）。但班主任老师不可能要求学生无休止地反复练习（学生要放学，老师要下班），所以需要根据学生的状态，判断学生"目前掌握还不够，需要继续反复练习"还是"已经学会了，不用继续练习了"。那么这个判断的标准是什么呢？如果继续，验证集返回的评价可能不会提高，变为"过拟合"（over-fitting）状态，错误的个数可能反而会增加。此时完成了适当的反复训练次数，应在这个节点终止训练，这叫作早停法（early stopping）。

验证集可以在适当的节点中断训练过程。

下图中，在第 11 次反复时出现了这种现象。

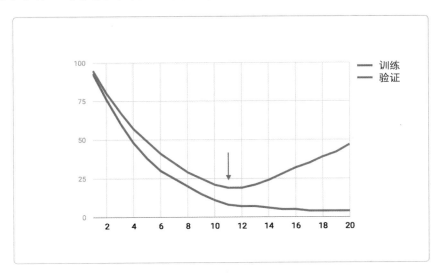

● 情景 4

如果只使用第 5 次模拟考试作为验证集，会出现很多问题：

□ 第 5 次模拟考试中有可能出现之前没有出现过的题目；

□ 第 5 次模拟考试的题目与去年或今年的高考题目可能有很大不同；

□ 第 5 次模拟考试题目的难易度以及出题范围可能与前 4 次模拟考试不同。

因此，只使用第 5 次模拟考试作为验证集会有失客观性。此时需要使用的是交叉验证（cross-validation），具体操作如下：

□ 学习第 1~4 次模拟考试的题目之后，通过第 5 次模拟考试对学习成果进行验证；

□ 将学习状态初始化之后，学习第 1、2、3、5 次模拟考试的题目，通过第 4 次模拟考试对学习成果进行验证；

□ 将学习状态初始化之后，学习第 1、2、4、5 次模拟考试的题目，通过第 3 次模拟考试对学习成果进行验证；

□ 将学习状态初始化之后，学习第 1、3、4、5 次模拟考试的题目，通过第 2 次模拟考试对学习成果进行验证；

□ 将学习状态初始化之后，学习第 2、3、4、5 次模拟考试的题目，通过第 1 次模拟考试对学习成果进行验证。

取 5 次验证结果的平均值，对模型的性能进行判定。验证结果的分散度同样重要，相对稳定平均的低分数模型要好于结果波动较大的模型。

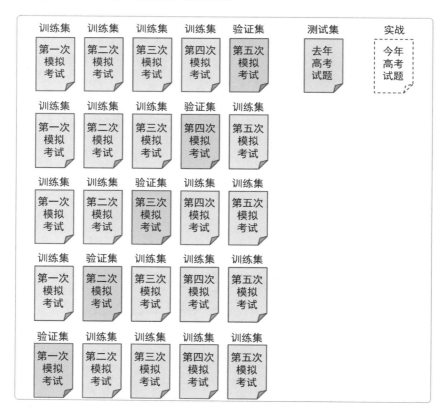

但是，由于交叉验证所需的数据计算量较大，所以只有在数据量较小时才会使用，而在一般需要大量数据的深度学习模型中不会使用。

2.1.2 Q&A

Q1 验证集并不在训练过程中使用，那么它是否影响权重更新？

A1 不会的，训练时只是对目前的训练状态进行评价，不会对权重更新产生影响。

Q2 交叉验证时，每次更换验证集都必须对学习状态进行初始化吗？

A2 是的。假设第一次验证时使用第 5 次模拟考试，第二次验证时使用第 4 次模拟考试，那么因为在第一次验证时已经学习了第 1~4 次模拟考试的题目，如果不进行初始化，那么在第二次验证时，第 4 次模拟考试的题目就是已经训练过的状态，此时无法做出公平的评价。

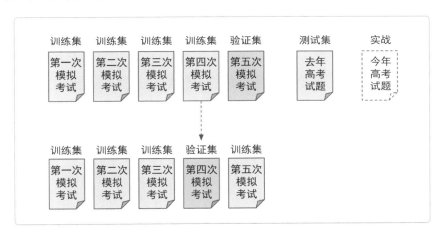

小结

在深度学习模型中，数据集与模型结构同样重要，都是构成模型的重要要素。本节讲解了将数据集分为训练集、验证集、测试集的原因，并通过高考模拟考试的示例讲解了如何使用不同的数据集。

2.2 关于训练过程

对于同样的问题，不同的人解答的方法不同，学习成果也不尽相同，深度学习模型的训练也是如此。Keras 使用 fit 函数训练模型，参数的不同会导致训练过程和结果的差异。下面看看在 Keras 中的训练过程是通过何种方式进行的。

2.2.1 batch_size 与训练周期

在 Keras 中，使用 fit 函数训练搭建的模型。

```
model.fit(x, y, batch_size=32, epochs=10)
```

主要参数如下：

- x：输入数据；
- y：标签值；
- batch_size：所谓 batch 是指每次送入网络中训练的一部分数据，而 batch_size 就是每个 batch 中训练样本的数量；
- 训练周期：训练的反复次数。

以上是训练过程中相关的参数，我们继续用准备考试的示例来帮助理解。首先学习第 1 轮模拟考试的题目。其中共有 100 道题，题目与答案同时给出。因为在训练过程中，解答题目之后需要与答案进行比对，所以答案在训练过程中是必备的。

题目	题目 1	题目 2	题目 3	题目 4	题目 5	题目 6	…	题目100
答案	答案 1	答案 2	答案 3	答案 4	答案 5	答案 6	…	答案100

其中主要的参数信息可以类比如下。

- x

100 道题目的问题。

- y

100 道题目的答案。

- batch_size

batch_size 代表正确答出的题目数。若共有 100 道题目，如果 batch_size = 100，即 100 道题目全部答对。与我们的训练过程一样，模型也是通过这样的训练过程进行权重更新的。

解答题目之后，与正确答案进行比对才能完成训练。通过反向传播（back propagation）算法更新权重，减少模型结果输出值与标签值的误差。

全部题目解答完毕之后，与正确答案进行比对，此时只更新一次权重。

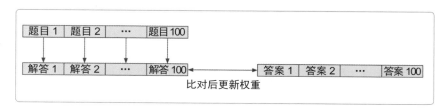

如果 batch_size 配置为 10，就会在解答 10 个问题后，与正确答案进行一次比对。将 100 个题目分成 10 份，与正确答案进行 10 次比对，权重更新也就进行了 10 次。

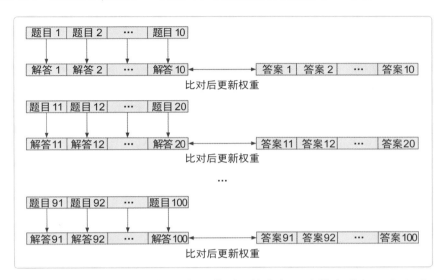

　　如果 batch_size 配置为 1，那么每解答一道题目就会与正确答案进行一次比对。也就是说，每解答一道题目就会发生一次权重更新，此时权重更新的次数为 100。

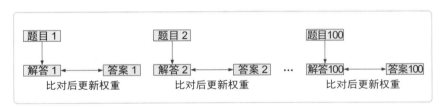

　　解答完 100 道题目之后比对答案，与每解答一道题目就比对一次答案的差别在于，假如一次模拟考试中有两道很类似的题目，如果全部解答 100 道题目之后才比对答案，后面遇到类似题目时，发生错误的概率会比较高。此时，如果每解答一道题目就与正确答案进行比对，那么即使第一道题目中出现了错误，由于在比对答案的过程中进行了同步学习，所以后面类似的题目也可以解答正确。那么，batch_size 配置为多少时，学习效率会比较高呢？这个问题与我们人类的学习过程是相似的。如果全部解答 100 道题目之后再比对答案，就需要我们记住前面的题目才能达到学习的效果，这对记忆力（容量）的要求很高。解答每道题目之后都去比对答案，虽然看起来很仔细，可能会达到比较好的学习效果，但会耗费时间。而且在看答案时，也有可能不小心看到下一道题目（这种情况在计算机处理中是不会发生的）。

　　batch_size 越小，权重更新的频率越高。

- 训练周期

训练周期是指每次模拟考试的题目分别学习了多少次。也就是确定共有 100 道题目的试卷，要反复学习多少次。如果训练周期为 20，也就是一套模拟考试的试题一共要做 20 次。类比我们做练习题的场景，同样的一套题目，反复解答多次之后，学习的效果也会更高。同样，模型通过反复训练同样的数据集，并进行权重更新来完成训练。对于同一道题目，之前解答时与当前的训练状态（权重）不同，所以也会对模型再进行一次训练。

即使是相同的题目集，反复解答也是对模型的训练过程。

下图中，竖轴是 100 道题目中解答错误的个数，横轴是学习模拟考试的反复次数。可以发现，反复次数越多，错误题目的个数就会随之减少。在前面阶段，曲线下降的幅度很大，反复的次数越多，曲线降幅越缓。这也与我们的学习经验类似，如果初始分数比较低，只要努力，分数就能大幅提升；但当分数偏高时，提升 1~2 分都会很难。

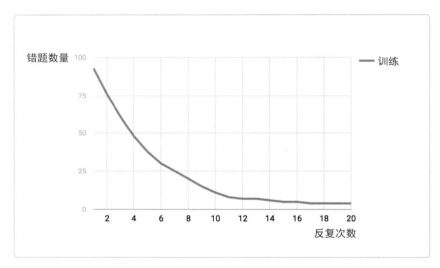

那么，复习 20 次相同的模拟考试题目，与学习 20 套不同的题目，每套只学习一次，两种方式有何差别呢？不同领域的数据类型不同，会有一些差异，不过对于模型训练，优质的训练题目要好于繁杂的题目。就像学习钢琴时，反复练习同一首曲子之后，其他乐谱也可以融会贯通；但这也练练那也练，最后会不能达到理想的练习效果。除此之外，更现实的问题是，很难找到更多的数据供模型进行训练，因此反复使用有限的数据是更有效率的模型训练方法。

2.2.2 Q&A

Q1　训练周期是否无条件越长越好？

A1　不是的。如果连续反复练习同一套习题集，反而会产生反作用。以练钢琴为例，练习钢琴时，最初需要看着乐谱练习，后面可以背谱练习，到最后可以做到闭着眼睛都能弹出来。但如果一直闭着眼睛弹，极端的情况下可能会忘记如何识谱，以至于不再会弹奏其他曲子。此时，也许当前练习的曲子可以完美地弹奏，但无法再弹奏其他曲子了。我们把这种情况称为"过拟合"。看着乐谱，能够高质地弹奏下来的状态，其实可能是更好的。在训练模型的过程中，如果发现过拟合现象的征兆，就要及时中断训练。

过犹不及！

小结

首次接触深度学习模型时，对于模型的训练方式，理解起来会有些难度。但参照我们人类自身的学习过程，每个人的学习方式并没有太大的区别。我们对高效学习的方法进行了很多探究，同样，在深度学习领域，我们也在研究对模型进行训练的方法。

2.3 查看训练过程

利用 Keras 开发深度学习模型时，最常见的是使用 fit 函数在屏幕上记录的日志，日志包含的数据是判断模型是否正常训练以及是否要终止训练的重要标准。虽然数据本身也具有重要的意义，但观察数据在每个训练周期的变化趋势更有参考价值，因此，我们通常使用更加直观的图来呈现。为此，下面将介绍如何调用 Keras 中的 history 函数、启动 TensorBoard，以及编写回调函数。

- ❑ 调用 history 函数
- ❑ 启动 TensorBoard
- ❑ 编写回调函数

2.3.1 调用 history 函数

Keras 中，训练模型时使用 fit 函数，该函数会返回一个 history 对象，history 属性会包含以下信息：

- ❑ 每个训练周期的训练误差（loss）
- ❑ 每个训练周期的训练精度（acc）
- ❑ 每个训练周期的验证误差（val_loss）
- ❑ 每个训练周期的验证精度（val_acc）

Keras 的所有模型都搭载了 history 功能，所以无须另行设置即可轻松获得 fit 函数的返回值。调用方法如下所示。

```
hist = model.fit(X_train, Y_train, epochs=1000, batch_size=10, validation_data=(X_val, Y_val))

print(hist.history['loss'])
print(hist.history['acc'])
print(hist.history['val_loss'])
print(hist.history['val_acc'])
```

由于数据在每个训练周期时都会增加，因此以数组的形态保存。将每个训练周期的数据变化趋势通过图的形式表现，可以比较直观地掌握模型的训练状态。使用 matplotlib 包，通过以下代码即可很方便地通过一张图呈现数据。

❑ train_loss（黄色）：训练误差，x 轴为训练周期数，左侧 y 轴为误差值。

❑ val_loss（红色）：验证误差，x 轴为训练周期数，左侧 y 轴为误差值。

❑ train_acc（蓝色）：训练精度，x 轴为训练周期数，右侧 y 轴为精度。

❑ val_acc（绿色）：验证精度，x 轴为训练周期数，右侧 y 轴为精度。

左侧纵轴为误差，右侧纵轴为精度。

```python
%matplotlib inline
import matplotlib.pyplot as plt

fig, loss_ax = plt.subplots()

acc_ax = loss_ax.twinx()

loss_ax.plot(hist.history['loss'], 'y', label='train loss')
loss_ax.plot(hist.history['val_loss'], 'r', label='val loss')

acc_ax.plot(hist.history['acc'], 'b', label='train acc')
acc_ax.plot(hist.history['val_acc'], 'g', label='val acc')

loss_ax.set_xlabel('epoch')
loss_ax.set_ylabel('loss')
acc_ax.set_ylabel('accuracy')

loss_ax.legend(loc='upper left')
acc_ax.legend(loc='lower left')

plt.show()
```

下面通过多层认知神经网络模型训练 MNIST 手写体数据集，以此示例进行测试。全部代码如下所示。

```python
# 0. 调用要使用的包
from keras.utils import np_utils
from keras.datasets import mnist
from keras.models import Sequential
from keras.layers import Dense, Activation
import numpy as np

np.random.seed(3)

# 1. 生成数据集

# 调用训练集和测试集
(x_train, y_train), (x_test, y_test) = mnist.load_data()

# 分离训练集和验证集
x_val = x_train[50000:]
y_val = y_train[50000:]
```

```python
x_train = x_train[:50000]
y_train = y_train[:50000]

# 数据集预处理
x_train = x_train.reshape(50000, 784).astype('float32') / 255.0
x_val = x_val.reshape(10000, 784).astype('float32') / 255.0
x_test = x_test.reshape(10000, 784).astype('float32') / 255.0

# 训练集与验证集配比
train_rand_idxs = np.random.choice(50000, 700)
val_rand_idxs = np.random.choice(10000, 300)
x_train = x_train[train_rand_idxs]
y_train = y_train[train_rand_idxs]
x_val = x_val[val_rand_idxs]
y_val = y_val[val_rand_idxs]

# 标签数据独热编码 (one-hot encoding) 处理
y_train = np_utils.to_categorical(y_train)
y_val = np_utils.to_categorical(y_val)
y_test = np_utils.to_categorical(y_test)

# 2. 模型搭建
model = Sequential()
model.add(Dense(units=2, input_dim=28*28, activation='relu'))
model.add(Dense(units=10, activation='softmax'))

# 3. 设置模型训练过程
model.compile(loss='categorical_crossentropy', optimizer='sgd', metrics=['accuracy'])

# 4. 训练模型
hist = model.fit(x_train, y_train, epochs=1000, batch_size=10, validation_data=(x_val, y_val))

# 5. 查看训练过程
%matplotlib inline
import matplotlib.pyplot as plt

fig, loss_ax = plt.subplots()

acc_ax = loss_ax.twinx()

loss_ax.plot(hist.history['loss'], 'y', label='train loss')
loss_ax.plot(hist.history['val_loss'], 'r', label='val loss')

acc_ax.plot(hist.history['acc'], 'b', label='train acc')
acc_ax.plot(hist.history['val_acc'], 'g', label='val acc')

loss_ax.set_xlabel('epoch')
loss_ax.set_ylabel('loss')
acc_ax.set_ylabel('accuracy')

loss_ax.legend(loc='upper left')
acc_ax.legend(loc='lower left')

plt.show()
```

```
Train on 700 samples, validate on 300 samples
Epoch 1/1000
700/700 [==============================] - 0s - loss: 2.3067 - acc: 0.1171 - val_loss: 2.2751
 - val_acc: 0.0933
Epoch 2/1000
700/700 [==============================] - 0s - loss: 2.2731 - acc: 0.1257 - val_loss: 2.2508
 - val_acc: 0.1267
Epoch 3/1000
700/700 [==============================] - 0s - loss: 2.2479 - acc: 0.1343 - val_loss: 2.2230
 - val_acc: 0.1267
...
Epoch 998/1000
700/700 [==============================] - 0s - loss: 0.4398 - acc: 0.8514 - val_loss: 2.5601
 - val_acc: 0.4867
Epoch 999/1000
700/700 [==============================] - 0s - loss: 0.4394 - acc: 0.8486 - val_loss: 2.5635
 - val_acc: 0.4900
Epoch 1000/1000
700/700 [==============================] - 0s - loss: 0.4392 - acc: 0.8486 - val_loss: 2.5807
 - val_acc: 0.4867
```

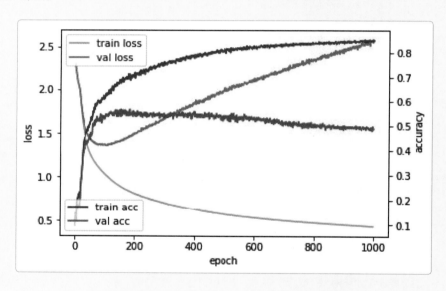

从以上执行结果可以看出每个训练周期的误差和准确率变化趋势。验证集的误差在前期呈下降趋势，但在 100 个训练周期之后开始上升，此时发生了过拟合现象。这种情况下，训练 100 个训练周期的模型反而会比训练 1000 个训练周期的模型表现更好。

2.3.2　启动 TensorBoard

TensorFlow 提供了 TensorBoard，可以让我们以可视化的方式查看并监控模型的训练情况。使用 TensorFlow 为后端引擎的 Keras，可以启动 TensorBoard。首先，需要在 Keras 的后端文件（keras.json）中指定 TensorFlow 为后端。不同环境下的路径可能有所不同。

```
vi ~/.keras/keras.json
```

打开 keras.json 文件后，做如下修改。

```
{
    "image_data_format": "channels_last",
    "epsilon": 1e-07,
    "floatx": "float32",
    "backend": "tensorflow"
}
```

此处重要的参数是 backend，一定要将其指定为 TensorFlow。启动的方法很简单。生成 TensorBoard 回调函数后，将其添加为 fit 函数的参数即可。生成 TensorBoard 回调函数时，需要在 logdir 参数中设置路径，在此路径中生成接收 TensorBoard 和信息的文件。

```
tb_hist = keras.callbacks.TensorBoard(log_dir='./graph', histogram_freq=0, write_graph=True,
write_images=True)
model.fit(x_train, y_train, epochs=1000, batch_size=10, validation_data=(x_val, y_val),
callbacks=[tb_hist])
```

下面我们通过相同的示例，演示如何使用 TensorBoard 监控模型的训练过程。全部代码如下所示。

```
# 0. 调用要使用的包
import keras
from keras.utils import np_utils
from keras.datasets import mnist
from keras.models import Sequential
from keras.layers import Dense, Activation
import numpy as np

np.random.seed(3)

# 1. 生成数据集

# 调用训练集和测试集
(x_train, y_train), (x_test, y_test) = mnist.load_data()

# 分离训练集和验证集
x_val = x_train[50000:]
y_val = y_train[50000:]
x_train = x_train[:50000]
y_train = y_train[:50000]

# 数据集预处理
x_train = x_train.reshape(50000, 784).astype('float32') / 255.0
x_val = x_val.reshape(10000, 784).astype('float32') / 255.0
x_test = x_test.reshape(10000, 784).astype('float32') / 255.0

# 训练集与验证集配比
train_rand_idxs = np.random.choice(50000, 700)
val_rand_idxs = np.random.choice(10000, 300)
```

```
x_train = x_train[train_rand_idxs]
y_train = y_train[train_rand_idxs]
x_val = x_val[val_rand_idxs]
y_val = y_val[val_rand_idxs]

# 标签数据独热编码处理
y_train = np_utils.to_categorical(y_train)
y_val = np_utils.to_categorical(y_val)
y_test = np_utils.to_categorical(y_test)

# 2. 模型搭建
model = Sequential()
model.add(Dense(units=2, input_dim=28*28, activation='relu'))
model.add(Dense(units=10, activation='softmax'))

# 3. 设置模型训练过程
model.compile(loss='categorical_crossentropy', optimizer='sgd', metrics=['accuracy'])

# 4. 训练模型
tb_hist = keras.callbacks.TensorBoard(log_dir='./graph', histogram_freq=0, write_graph=True,
write_images=True)
model.fit(x_train, y_train, epochs=1000, batch_size=10, validation_data=(x_val, y_val),
callbacks=[tb_hist])

# 5. 查看训练过程
# 启动新的控制台程序，并在虚拟环境中输入下列命令，弹出 tensorboard。
# tensorboard --logdir=~/Projects/Keras/_writing/graph

Train on 700 samples, validate on 300 samples
Epoch 1/1000
700/700 [==============================] - 0s - loss: 2.3067 - acc: 0.1171 - val_loss: 2.2751
- val_acc: 0.0933
Epoch 2/1000
700/700 [==============================] - 0s - loss: 2.2731 - acc: 0.1257 - val_loss: 2.2508
- val_acc: 0.1267
Epoch 3/1000
700/700 [==============================] - 0s - loss: 2.2479 - acc: 0.1343 - val_loss: 2.2230
- val_acc: 0.1267
...
Epoch 998/1000
700/700 [==============================] - 0s - loss: 1.3897 - acc: 0.4400 - val_loss: 2.2173
- val_acc: 0.2500
Epoch 999/1000
700/700 [==============================] - 0s - loss: 1.3894 - acc: 0.4371 - val_loss: 2.2065
- val_acc: 0.2500
Epoch 1000/1000
700/700 [==============================] - 0s - loss: 1.3892 - acc: 0.4386 - val_loss: 2.2162
- val_acc: 0.2500
```

生成 TensorBoard 回调函数时，在指定为 logdir 参数的本地 graph 文件夹中，会生成一个以 events 开头的文件。在控制台程序中输入以下命令，运行 TensorBoard。此处需要注意，logdir 参数必须指定为 graph 文件夹的绝对路径。

```
tensorboard --logdir=~/Projects/Keras/_writing/graph
```

执行以上命令时，会弹出以下提示。提示中的 IP 地址会根据使用环境的不同而存在差异。

```
Starting TensorBoard 41 on port 6006
(You can navigate to http://169.254.225.177:6006)
```

通过浏览器打开提示信息中的地址，即可看到下图中的 TensorBoard 图。

2.3.3　编写回调函数

使用前面介绍的 history 回调函数或 TensorBoard，即可满足对基础模型训练状态的监控，但循环神经网络模型需要多次调用 fit 函数，因此无法直观看到模型的训练状态。我们先来看一下循环神经网络模型的代码。

```
for epoch_idx in range(1000):
    print ('epochs : ' + str(epoch_idx))
    hist = model.fit(x_train, y_train, epochs=1, batch_size=1, verbose=2, shuffle=False) # 50
is X.shape[0]
    model.reset_states()
```

上述代码中，每个训练周期的新的 history 对象会取代上一训练周期的相应对象，因此无法观察不同训练周期的变化趋势。为了解决这个问题，我们需要定义回调函数，使得可以在多次调用 fit 函数时，依然能够保存每一次的训练状态。

```
import keras

# 定义自定义 history 类
class CustomHistory(keras.callbacks.Callback):
    def init(self):
        self.train_loss = []
        self.val_loss = []
        self.train_acc = []
        self.val_acc = []

    def on_epoch_end(self, batch, logs={}):
        self.train_loss.append(logs.get('loss'))
        self.val_loss.append(logs.get('val_loss'))
        self.train_acc.append(logs.get('acc'))
        self.val_acc.append(logs.get('val_acc'))
```

下面使用新生成的回调函数监控训练状态。将前面代码中关于 fit 函数的内容，由进行 1000
次训练周期修改为调用 1000 次 fit 函数。调用一次 fit 函数时经历多个训练周期，与多次调用 fit
函数的效果相同。

```
# 0. 调用要用的包
import keras
from keras.utils import np_utils
from keras.datasets import mnist
from keras.models import Sequential
from keras.layers import Dense, Activation
import numpy as np

np.random.seed(3)

# 定义自定义 history 类
class CustomHistory(keras.callbacks.Callback):
    def init(self):
        self.train_loss = []
        self.val_loss = []
        self.train_acc = []
        self.val_acc = []

    def on_epoch_end(self, batch, logs={}):
        self.train_loss.append(logs.get('loss'))
        self.val_loss.append(logs.get('val_loss'))
        self.train_acc.append(logs.get('acc'))
        self.val_acc.append(logs.get('val_acc'))

# 1. 生成数据集

# 调用训练集和测试集
(x_train, y_train), (x_test, y_test) = mnist.load_data()

# 分离训练集和验证集
x_val = x_train[50000:]
y_val = y_train[50000:]
x_train = x_train[:50000]
y_train = y_train[:50000]
```

```python
# 数据集预处理
x_train = x_train.reshape(50000, 784).astype('float32') / 255.0
x_val = x_val.reshape(10000, 784).astype('float32') / 255.0
x_test = x_test.reshape(10000, 784).astype('float32') / 255.0

# 训练集与验证集配比
train_rand_idxs = np.random.choice(50000, 700)
val_rand_idxs = np.random.choice(10000, 300)
x_train = x_train[train_rand_idxs]
y_train = y_train[train_rand_idxs]
x_val = x_val[val_rand_idxs]
y_val = y_val[val_rand_idxs]

# 标签数据独热编码处理
y_train = np_utils.to_categorical(y_train)
y_val = np_utils.to_categorical(y_val)
y_test = np_utils.to_categorical(y_test)

# 2. 模型搭建
model = Sequential()
model.add(Dense(units=2, input_dim=28*28, activation='relu'))
model.add(Dense(units=10, activation='softmax'))

# 3. 设置模型训练过程
model.compile(loss='categorical_crossentropy', optimizer='sgd', metrics=['accuracy'])

# 4. 训练模型
custom_hist = CustomHistory()
custom_hist.init()

for epoch_idx in range(1000):
    print ('epochs : ' + str(epoch_idx))
    model.fit(x_train, y_train, epochs=1, batch_size=10, validation_data=(x_val, y_val),
callbacks=[custom_hist])

# 5. 查看训练过程

%matplotlib inline
import matplotlib.pyplot as plt

fig, loss_ax = plt.subplots()

acc_ax = loss_ax.twinx()

loss_ax.plot(custom_hist.train_loss, 'y', label='train loss')
loss_ax.plot(custom_hist.val_loss, 'r', label='val loss')

acc_ax.plot(custom_hist.train_acc, 'b', label='train acc')
acc_ax.plot(custom_hist.val_acc, 'g', label='val acc')

loss_ax.set_xlabel('epoch')
loss_ax.set_ylabel('loss')
acc_ax.set_ylabel('accuracy')

loss_ax.legend(loc='upper left')
acc_ax.legend(loc='lower left')

plt.show()
```

```
epochs : 0
Train on 700 samples, validate on 300 samples
Epoch 1/1
700/700 [==============================] - 0s - loss: 2.3067 - acc: 0.1171 - val_loss: 2.2751
- val_acc: 0.0933
epochs : 1
Train on 700 samples, validate on 300 samples
Epoch 1/1
700/700 [==============================] - 0s - loss: 2.2732 - acc: 0.1243 - val_loss: 2.2534
- val_acc: 0.1233
epochs : 2
Train on 700 samples, validate on 300 samples
Epoch 1/1
700/700 [==============================] - 0s - loss: 2.2478 - acc: 0.1357 - val_loss: 2.2221
- val_acc: 0.1233
...
epochs : 997
Train on 700 samples, validate on 300 samples
Epoch 1/1
700/700 [==============================] - 0s - loss: 0.4401 - acc: 0.8486 - val_loss: 2.5530
- val_acc: 0.4867
epochs : 998
Train on 700 samples, validate on 300 samples
Epoch 1/1
700/700 [==============================] - 0s - loss: 0.4392 - acc: 0.8514 - val_loss: 2.5608
- val_acc: 0.4933
epochs : 999
Train on 700 samples, validate on 300 samples
Epoch 1/1
700/700 [==============================] - 0s - loss: 0.4395 - acc: 0.8457 - val_loss: 2.5537
- val_acc: 0.4900
```

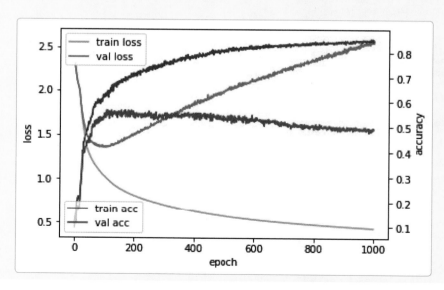

训练监控结果曲线与前一次的示例相似。

2.3.4　Q&A

Q1　什么样的图属于正常结果？

A1　数据集和模型不同，图的结果就会不同。一般情况下，训练周期反复的次数越多，误差越小，精度也会持续提升。精度越高，越有可能发生过拟合现象，因此如果随着训练周期的增加，没有出现过拟合现象，那么训练集或模型的设计可能存在问题。如果针对已知的正确答案达不到训练的效果，那么可能存在的问题包括：训练集输入的数据与标签值不一致、模型的层数太低、神经元数量过少导致无法进行正常的拟合。

Q2　过拟合状态下，验证集的精度变化看起来很小，为什么验证集的误差却持续增加？

A2　精度是通过模型的结果与输入验证集的标签值比对计算得出的。比如以二元分类为例，10 个样本中，10 个全部正确的话，准确率是 100%，正确 5 个的话，正确率是 50%。模型在每一个训练周期，如果在过拟合状态下，正确的会持续正确，错误的持续错误，因此准确率是不会发生改变的。但误差是根据定义误差的函数的错误率计算的，因此只有在过拟合之前是最小值，此外都是在增加的。

> **小结**
>
> 　　本节我们了解了查看深度学习模型训练过程的一些方法，比如可以简单使用 Keras 的 fit 函数返回 history 对象，也可以使用 TensorBoard 这种优秀的可视化工具。此外，我们还讲解了对于循环神经网络模型，使用基础功能无法进行数据监控的情况，此时可以直接使用自定义回调函数。

2.4　训练早停

　　2.1 节和 2.2 节中提到了过拟合现象，为了防止过拟合，我们了解了应该在哪个节点提前结束训练过程。本节将学习如何使用 Keras 提供的功能，在训练过程中设置早停。

2.4.1　过拟合模型

　　首先了解一下过拟合模型的训练过程。以下代码中的数据量、batch_size、神经元数量都是为了复现过拟合现象设定的，并不是实操中优化后的数值。

```python
# 0. 调用要用的包
from keras.utils import np_utils
from keras.datasets import mnist
from keras.models import Sequential
from keras.layers import Dense, Activation
import numpy as np
```

```
np.random.seed(3)

# 1. 生成数据集

# 调用训练集和测试集
(x_train, y_train), (x_test, y_test) = mnist.load_data()

# 分离训练集和验证集
x_val = x_train[50000:]
y_val = y_train[50000:]
x_train = x_train[:50000]
y_train = y_train[:50000]

# 数据集预处理
x_train = x_train.reshape(50000, 784).astype('float32') / 255.0
x_val = x_val.reshape(10000, 784).astype('float32') / 255.0
x_test = x_test.reshape(10000, 784).astype('float32') / 255.0

# 训练集与验证集配比
train_rand_idxs = np.random.choice(50000, 700)
val_rand_idxs = np.random.choice(10000, 300)

x_train = x_train[train_rand_idxs]
y_train = y_train[train_rand_idxs]
x_val = x_val[val_rand_idxs]
y_val = y_val[val_rand_idxs]

# 标签数据独热编码处理
y_train = np_utils.to_categorical(y_train)
y_val = np_utils.to_categorical(y_val)
y_test = np_utils.to_categorical(y_test)

# 2. 模型搭建
model = Sequential()
model.add(Dense(units=2, input_dim=28*28, activation='relu'))
model.add(Dense(units=10, activation='softmax'))

# 3. 设置模型训练过程
model.compile(loss='categorical_crossentropy', optimizer='sgd', metrics=['accuracy'])

# 4. 训练模型
hist = model.fit(x_train, y_train, epochs=3000, batch_size=10, validation_data=(x_val, y_val))

# 5. 查看训练过程
%matplotlib inline
import matplotlib.pyplot as plt

fig, loss_ax = plt.subplots()

acc_ax = loss_ax.twinx()

loss_ax.plot(hist.history['loss'], 'y', label='train loss')
loss_ax.plot(hist.history['val_loss'], 'r', label='val loss')

acc_ax.plot(hist.history['acc'], 'b', label='train acc')
acc_ax.plot(hist.history['val_acc'], 'g', label='val acc')

loss_ax.set_xlabel('epoch')
```

```
loss_ax.set_ylabel('loss')
acc_ax.set_ylabel('accuracy')

loss_ax.legend(loc='upper left')
acc_ax.legend(loc='lower left')

plt.show()

# 6. 模型评价
loss_and_metrics = model.evaluate(x_test, y_test, batch_size=32)

print('')
print('loss : ' + str(loss_and_metrics[0]))
print('accuracy : ' + str(loss_and_metrics[1]))
```

```
Train on 700 samples, validate on 300 samples
Epoch 1/3000
700/700 [==============================] - 0s - loss: 2.3067 - acc: 0.1171 - val_loss: 2.2751
- val_acc: 0.0933
Epoch 2/3000
700/700 [==============================] - 0s - loss: 2.2731 - acc: 0.1257 - val_loss: 2.2508
- val_acc: 0.1267
Epoch 3/3000
700/700 [==============================] - 0s - loss: 2.2479 - acc: 0.1343 - val_loss: 2.2230
- val_acc: 0.1267
...
Epoch 2998/3000
700/700 [==============================] - 0s - loss: 0.3089 - acc: 0.9057 - val_loss: 3.4685
- val_acc: 0.4900
Epoch 2999/3000
700/700 [==============================] - 0s - loss: 0.3088 - acc: 0.9071 - val_loss: 3.4650
- val_acc: 0.4900
Epoch 3000/3000
700/700 [==============================] - 0s - loss: 0.3088 - acc: 0.9071 - val_loss: 3.4706
- val_acc: 0.4900
 7680/10000 [=====================>.......] - ETA: 0s
loss : 3.73021918621
accuracy : 0.4499
```

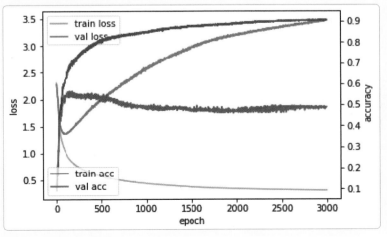

训练周期次数越多，val_loss 随之减少，在 150 次附近开始出现增加的趋势，此时发生过拟合现象。

2.4.2 设置早停

提前停止训练，需要调用 EarlyStopping 函数。这个回调函数可以在模型没有提升空间时，提早停止模型训练。回调函数就是通过函数指针调用的函数，此处指的是，在每次训练过程中，从 fit 函数调用 EarlyStopping 回调函数。首先，在 fit 函数中指定 EarlyStopping 函数的方法如下所示。

```
from keras.callbacks import EarlyStopping
early_stopping = EarlyStopping()
hist = model.fit(x_train, y_train, epochs=3000, batch_size=10, validation_data=(x_val, y_val),
callbacks=[early_stopping])
```

即使我们把训练周期指定为 3000 次，在调用 EarlyStopping 回调函数满足相应条件时，模型训练也会提前停止。EarlyStopping 回调函数中可以设置的参数如下所示。

```
Keras.callbacks.EarlyStopping(monitor='val_loss', min_delta=0, patience=0, verbose=0, mode='auto')
```

❑ monitor：要监控的项目，主要有 val_loss 或 val_acc。
❑ min_delta：判断模型改善的最小阈值。若变化小于 min_delta，则判断为没有改善。
❑ patience：能够容忍没有改善的训练周期个数。如果指定为 10，那么持续第 10 个没有改善的训练周期结束后，即提前停止模型训练。
❑ verbose：指定信息显示的细分程度：（0，1，2）。
❑ mode：指定判断监控项目是否有改善的标准。举例来说，如果监控的数据接口是 val_loss，就需要在数据停止减少时停止模型，因此需要设定为 min。
  – auto：根据监控数据类型自动判断。
  – min：监控数据停止减少时停止模型。
  – max：监控数据停止增加时停止模型。

调用 EarlyStopping 回调函数的代码如下所示。

```
# 0. 调用要使用的包
from keras.utils import np_utils
from keras.datasets import mnist
from keras.models import Sequential
from keras.layers import Dense, Activation
import numpy as np

np.random.seed(3)

# 1. 生成数据集

# 调用训练集和测试集
(x_train, y_train), (x_test, y_test) = mnist.load_data()
```

```python
# 分离训练集和验证集
x_val = x_train[50000:]
y_val = y_train[50000:]
x_train = x_train[:50000]
y_train = y_train[:50000]

# 数据集预处理
x_train = x_train.reshape(50000, 784).astype('float32') / 255.0
x_val = x_val.reshape(10000, 784).astype('float32') / 255.0
x_test = x_test.reshape(10000, 784).astype('float32') / 255.0

# 训练集与验证集配比
train_rand_idxs = np.random.choice(50000, 700)
val_rand_idxs = np.random.choice(10000, 300)

x_train = x_train[train_rand_idxs]
y_train = y_train[train_rand_idxs]
x_val = x_val[val_rand_idxs]
y_val = y_val[val_rand_idxs]

# 标签数据独热编码处理
y_train = np_utils.to_categorical(y_train)
y_val = np_utils.to_categorical(y_val)
y_test = np_utils.to_categorical(y_test)

# 2. 模型搭建
model = Sequential()
model.add(Dense(units=2, input_dim=28*28, activation='relu'))
model.add(Dense(units=10, activation='softmax'))

# 3. 设置模型训练过程
model.compile(loss='categorical_crossentropy', optimizer='sgd', metrics=['accuracy'])

# 4. 训练模型
from keras.callbacks import EarlyStopping
early_stopping = EarlyStopping()
hist = model.fit(x_train, y_train, epochs=3000, batch_size=10, validation_data=(x_val, y_val),
callbacks=[early_stopping])

# 5. 查看训练过程
%matplotlib inline
import matplotlib.pyplot as plt

fig, loss_ax = plt.subplots()

acc_ax = loss_ax.twinx()

loss_ax.plot(hist.history['loss'], 'y', label='train loss')
loss_ax.plot(hist.history['val_loss'], 'r', label='val loss')

acc_ax.plot(hist.history['acc'], 'b', label='train acc')
acc_ax.plot(hist.history['val_acc'], 'g', label='val acc')

loss_ax.set_xlabel('epoch')
loss_ax.set_ylabel('loss')
```

```
acc_ax.set_ylabel('accuracy')

loss_ax.legend(loc='upper left')
acc_ax.legend(loc='lower left')

plt.show()

# 6. 模型评价
loss_and_metrics = model.evaluate(x_test, y_test, batch_size=32)

print('')
print('loss : ' + str(loss_and_metrics[0]))
print('accuracy : ' + str(loss_and_metrics[1]))
```

```
Train on 700 samples, validate on 300 samples
Epoch 1/3000
700/700 [==============================] - 0s - loss: 2.3067 - acc: 0.1171 - val_loss: 2.2751
- val_acc: 0.0933
Epoch 2/3000
700/700 [==============================] - 0s - loss: 2.2731 - acc: 0.1257 - val_loss: 2.2508
- val_acc: 0.1267
Epoch 3/3000
700/700 [==============================] - 0s - loss: 2.2479 - acc: 0.1343 - val_loss: 2.2230
- val_acc: 0.1267
...
Epoch 51/3000
700/700 [==============================] - 0s - loss: 1.2842 - acc: 0.5014 - val_loss: 1.4463
- val_acc: 0.4533
Epoch 52/3000
700/700 [==============================] - 0s - loss: 1.2760 - acc: 0.5057 - val_loss: 1.4358
- val_acc: 0.4633
Epoch 53/3000
700/700 [==============================] - 0s - loss: 1.2683 - acc: 0.5129 - val_loss: 1.4406
- val_acc: 0.4467
 6688/10000 [====================>.........] - ETA: 0s
loss : 1.439551894
accuracy : 0.4443
```

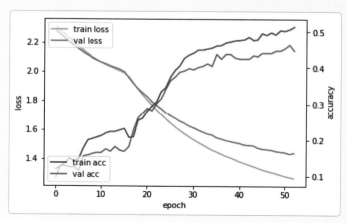

val_loss 值持续降低，在开始回升时马上就停止了训练。但我们知道这个模型还有继续训练的空间。val_loss 值具有波动性，因此不要在开始回升时马上停止训练，而是需要在持续回升时再停止训练。为此，EarlyStopping 回调函数设置了 patience 参数。

```
from keras.callbacks import EarlyStopping
early_stopping = EarlyStopping(patience = 20)
hist = model.fit(x_train, y_train, epochs=3000, batch_size=10, validation_data=(x_val, y_val),
callbacks=[early_stopping])
```

如上所示进行设置：即使数据回升，也要进行 20 个训练周期。调用函数的代码如下所示。

```
# 0. 调用要使用的包
from keras.utils import np_utils
from keras.datasets import mnist
from keras.models import Sequential
from keras.layers import Dense, Activation
import numpy as np

np.random.seed(3)

# 1. 生成数据集

# 调用训练集和测试集
(x_train, y_train), (x_test, y_test) = mnist.load_data()

# 分离训练集和验证集
x_val = x_train[50000:]
y_val = y_train[50000:]
x_train = x_train[:50000]
y_train = y_train[:50000]

# 数据集预处理
x_train = x_train.reshape(50000, 784).astype('float32') / 255.0
x_val = x_val.reshape(10000, 784).astype('float32') / 255.0
x_test = x_test.reshape(10000, 784).astype('float32') / 255.0

# 训练集与验证集配比
train_rand_idxs = np.random.choice(50000, 700)
val_rand_idxs = np.random.choice(10000, 300)

x_train = x_train[train_rand_idxs]
y_train = y_train[train_rand_idxs]
x_val = x_val[val_rand_idxs]
y_val = y_val[val_rand_idxs]

# 标签数据独热编码处理
y_train = np_utils.to_categorical(y_train)
y_val = np_utils.to_categorical(y_val)
y_test = np_utils.to_categorical(y_test)

# 2. 模型搭建
model = Sequential()
model.add(Dense(units=2, input_dim=28*28, activation='relu'))
model.add(Dense(units=10, activation='softmax'))
```

```python
# 3. 设置模型训练过程
model.compile(loss='categorical_crossentropy', optimizer='sgd', metrics=['accuracy'])

# 4. 训练模型
from keras.callbacks import EarlyStopping
early_stopping = EarlyStopping(patience = 20)
hist = model.fit(x_train, y_train, epochs=3000, batch_size=10, validation_data=(x_val, y_val),
    callbacks=[early_stopping])

# 5. 查看训练过程
%matplotlib inline
import matplotlib.pyplot as plt

fig, loss_ax = plt.subplots()

acc_ax = loss_ax.twinx()

loss_ax.plot(hist.history['loss'], 'y', label='train loss')
loss_ax.plot(hist.history['val_loss'], 'r', label='val loss')

acc_ax.plot(hist.history['acc'], 'b', label='train acc')
acc_ax.plot(hist.history['val_acc'], 'g', label='val acc')

loss_ax.set_xlabel('epoch')
loss_ax.set_ylabel('loss')
acc_ax.set_ylabel('accuracy')

loss_ax.legend(loc='upper left')
acc_ax.legend(loc='lower left')

plt.show()

# 6. 模型评价
loss_and_metrics = model.evaluate(x_test, y_test, batch_size=32)

print('')
print('loss : ' + str(loss_and_metrics[0]))
print('accuracy : ' + str(loss_and_metrics[1]))
```

```
Train on 700 samples, validate on 300 samples
Epoch 1/3000
700/700 [==============================] - 0s - loss: 2.3067 - acc: 0.1171 - val_loss: 2.2751
- val_acc: 0.0933
Epoch 2/3000
700/700 [==============================] - 0s - loss: 2.2731 - acc: 0.1257 - val_loss: 2.2508
- val_acc: 0.1267
Epoch 3/3000
700/700 [==============================] - 0s - loss: 2.2479 - acc: 0.1343 - val_loss: 2.2230
- val_acc: 0.1267
...
Epoch 127/3000
700/700 [==============================] - 0s - loss: 0.9536 - acc: 0.6557 - val_loss: 1.3753
- val_acc: 0.5467
Epoch 128/3000
700/700 [==============================] - 0s - loss: 0.9494 - acc: 0.6543 - val_loss: 1.3785
```

```
- val_acc: 0.5400
Epoch 129/3000
700/700 [==============================] - 0s - loss: 0.9483 - acc: 0.6400 - val_loss: 1.3825
- val_acc: 0.5467
   32/10000 [..............................] - ETA: 0s
loss : 1.34829078026
accuracy : 0.5344
```

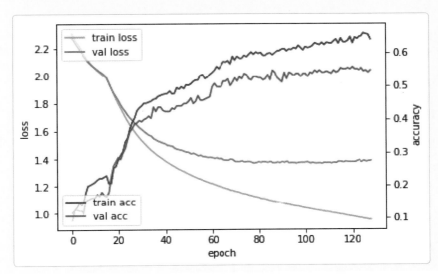

在合适的时间提前终止训练的模型，精度要高于过拟合模型以及过早终止训练的模型。以下是三种模型的数据对比表。

数据类型	过　拟　合	过早终止	适时早停
误差	3.73	1.43	1.34
精度	0.44	0.44	0.53

2.4.3 Q&A

Q1　把握准确的早停时机并不容易。为了判断是否处于过拟合状态，是否必须要在经过足够的训练周期后，确定过拟合的时间点，再重新进行训练呢？

A1　使用 Keras 中提供的 ModelCheckpoint 回调函数，可以通过文件的形式将每个训练周期的训练权重保存下来。确认发生过拟合现象的训练周期后，将对应的权重配置在正式模型中即可。通常需要全部训练结束之后才能测试模型，但是用这个回调函数会生成每个训练周期的权重，因此可以调用此权重，在模型训练期间对精度进行评测。对于训练时间较长的模型，这个函数更为重要。

本节通过搭建过拟合的模型了解了早停法，将 Keras 提供的 EarlyStopping 回调函数运用在模型早停中，并学习了其中所需的参数。

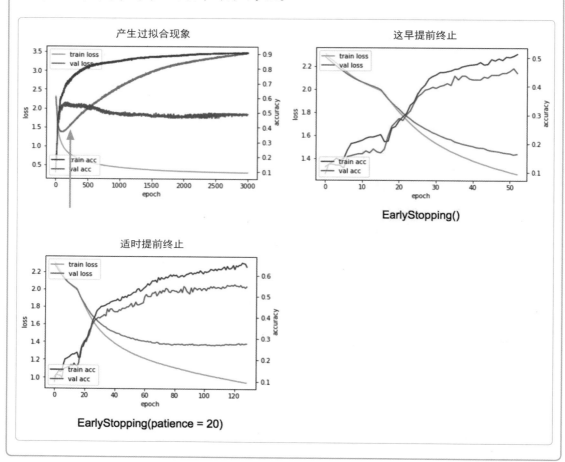

2.5 | 模型评价

为了判断训练的模型是否有使用价值，需要对模型进行评价。对于模型评价，我们很容易联想到评价模型的精度，但根据问题的不同，有时并不能只通过准确率进行评价。再深入了解一下就会遇到一些对于非专业人士来说比较生疏的词汇，比如敏感度、特异度、召回率等。下面我们将通过定义几种类型问题的模型，分别使用合适的评价标准对模型进行评价。虽然专业词汇比较晦涩，但了解其含义之后，就可以理解它们在模型评价中分别所起的作用。通常评价相关的内容是通过表格与公式的形式呈现的，下面我们将通过简单得用手指头都能算的积木游戏来了解模型评价。

2.5.1 分类

下面我们来看第一个问题。

请将以下乐高积木中，凸起点数为奇数的积木放在左侧，凸起点数为偶数的积木放在右侧。

这是一个连小朋友都可以轻松解答的问题。下面 10 块积木中，凸起点数为奇数和偶数的数量分别是多少呢?

奇数有 4 个，偶数有 6 个。更细心一点的读者可能会发现，奇数的积木都是绿色的，偶数的积木都是黄色的。颜色只是为了让读者更方便做区分，与问题本身无关，可以忽略。我们要评价的模型共有 6 个，每个模型的结果假设如下。

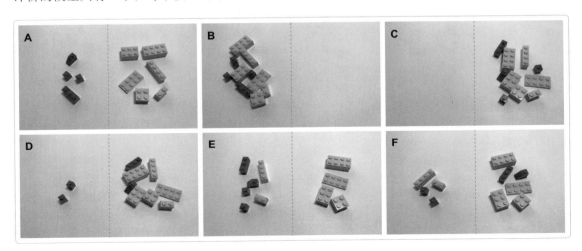

哪个模型的结果是最好的呢？当然是 A 模型，准确地识别出了奇数模型与偶数模型。那么，第二好的模型是哪一个呢？我们来看一下其他模型的特征。

❏ B 模型：全部识别为奇数。

❏ C 模型：全部识别为偶数。

❏ D 模型：识别为奇数的积木都是准确的，但是有一部分奇数积木被遗漏在偶数中。

❏ E 模型：识别为偶数的积木都是准确的，但是有一部分奇数积木被遗漏在奇数中。

❏ F 模型：奇数积木与偶数积木完全掺杂在一起。

首先，我们先使用经常说的准确率标准来对模型进行评价。

● 准确率

准确率是指，在全部对象中，奇数被准确识别为奇数（被模型预测为正的正样本）与偶数被准确识别为偶数（被模型预测为负的负样本）的个数的比例。B 模型的全部 10 块积木中，只有 4 块奇数积木被准确识别，因此准确率为 40%。C 模型的全部 10 块积木中，只有 6 块偶数积木被准确识别，准确率为 60%。虽然 C 模型也将所有积木都识别为了一类，但由于两类数据本身的分布差异，使得准确率比 B 模型高。假设我们在一所男子高中测试一个判断性别的模型，那么这个模型预测的结果永远都是"全部学生都是男生"。即使有女生存在，也会将其都预测为男生，而准确率也可以达到 90%，但我们并不能说这个模型是有效的。

使用准确率进行模型评价时，一定要查看数据本身的类别分布情况。

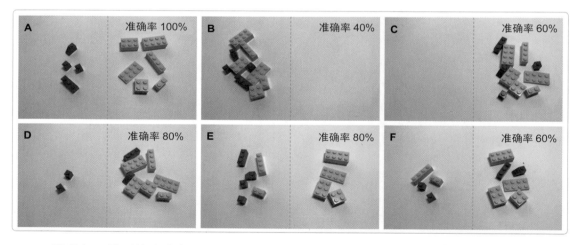

D 模型与 E 模型的准确率相同，但如果试验的目的是将奇数积木（正样本）一个不少地全部识别出来，那么 E 模型就更具有优势了。对模型预测正样本能力进行评价的指标不是准确率，而是敏感度。

● 敏感度

敏感度指的就是"模型对正样本有多敏感"。对正样本的预测越准确，模型的敏感度越高。

敏感度 = 预测结果中的正样本数量 / 总正样本数量

下面我们来计算一下每个模型的敏感度。

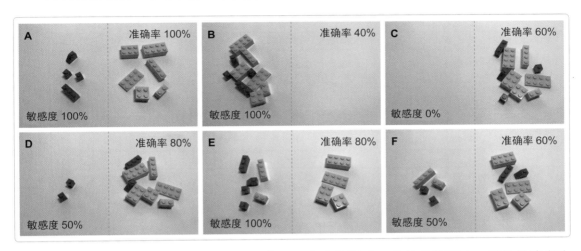

我们再来看一下模型 D 和模型 E。D 模型只准确识别了一半的奇数积木，因此敏感度为 50%；而 E 模型准确识别了全部奇数积木，故敏感度为 100%。准确率相同的情况下，如果想选择能够更好识别奇数积木的模型，那么选择敏感度高的模型即可。需要特别注意的是，B 模型的敏感度也是 100%。因此不能只通过敏感度来评价模型的优劣。我们希望模型也能够准确预测负样本，这个评价标准叫作特异度。

- 特异度

特异度指的是"只准确预测特异的正样本的能力"，即准确预测负样本的能力。

特异度 = 预测结果中的负样本数量 / 总负样本数量

下面我们来计算一下每个模型的特异度。

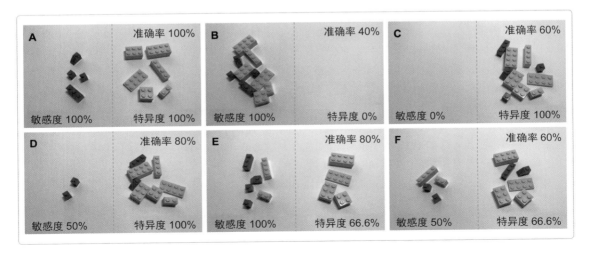

我们再来看一下 D 模型和 E 模型。D 模型的敏感度低于 E 模型，但特异度更高。如果想选择能够更好预测负样本的模型，就要选择模型 D。下面整理一下目前为止各模型的指标评分。

数据类型	模型 A	模型 B	模型 C	模型 D	模型 E	模型 F
准确识别奇数（共 4 个）	4 个	4 个	0 个	2 个	4 个	2 个
准确识别偶数（共 6 个）	6 个	0 个	6 个	6 个	4 个	4 个
准确率	100%	40%	60%	80%	80%	60%
敏感度	100%	100%	0%	50%	100%	50%
特异度	100%	0%	100%	100%	66.6%	66.6%

不同的准确识别个数可能对应相同的评价指数，而相同的准确识别个数也可能得出不同的评价指数。对于不同问题，使用不同的模型可以得到更有效的结果，而如何选择模型是需要深思熟虑的。以下几条建议供大家参考。

❑ 机场的安检设施中，将普通物品识别为危险物品不会存在危险，但必须识别出全部危险物品，因此模型需要较高的敏感度。

❑ 购物时，只买必需的物品。有所需的物品，根据实际情况不同，不买可能也无所谓，但不需要的物品一定不能买。这时，需要特异度较高的模型。

❑ 如果前一天发生地震，第二天可能会有些人感受到了地震，有些人没有感受到地震。假设 A 很敏感，即便有不是地震的很小震动也能感受得到，那么如果有地震一定可以感受到；而 B 正相反，只能感受到震感特别强的地震，一般的小震动都感受不到。我们可以给出如下判断。

如果 A 没有感受到地震，那么那天大概率没有发生地震。因为 A 的敏感度很高，普通的小地震都能感受得到。

如果 B 感受到了地震，那么那天大概率发生了地震。因为 B 的特异度很高，只能感受到震感强烈的地震。

• **其他指标**

识别每一块积木时，通常可以参考在整体样本中对应类型样本的概率。也就是说，某一块积木是奇数积木的概率是 60% 或 40%。该指标的初始概率为 50%，如果概率超过 50%，模型就会识别为奇数积木。我们将 50% 称为阈值（threshold）。我们前面看到的模型识别结果都是以阈值为基础通过判断概率得出的。下面看看模型识别出结果之前的概率情况。

我们来看一下模型 F 的结果。共 10 块积木中，准确识别出了 2 块奇数积木、4 块偶数积木，准确率为 60%。共 4 块奇数积木中成功识别出 2 块，敏感度是 50%。共 6 块偶数积木中成功识别出 4 块，特异度为 66.6%。我们假设模型 G 与模型 F 的以上指标数值相同。

将 F 模型与 G 模型识别奇数积木的概率以 10% 为单位，按升序排列，分别摆放在对应的空格内。

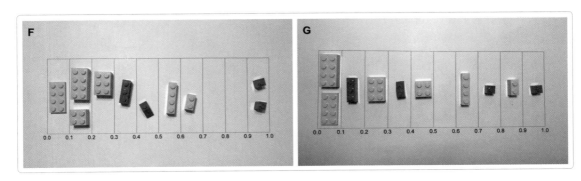

先来看模型 F。假设左侧第一块积木是奇数积木的概率为 5%，因此位于 0.0~0.1 的空格中。如果 0.5 是阈值，准确识别奇数积木的个数为位于 0.5 阈值右侧的 2 块，准确识别偶数积木的个数为位于 0.5 阈值左侧的 4 块。如果将阈值设置为其他数值情况会如何呢？假定阈值为 0.0，也就是全部积木都是奇数，准确识别奇数积木的个数为 4，准确识别偶数积木的个数为 0。可以看到，调整阈值对准确率、敏感度、特异度的数值都会产生影响。以 10% 为单位调整阈值，准确率、敏感度、特异度随之变化的情况如下表所示。

奇数积木阈值	0%	10%	20%	30%	40%	50%	60%	70%	80%	90%	100%
准确识别奇数个数（共 4 个）	4	4	4	4	3	2	2	2	2	2	0
准确识别偶数个数（共 6 个）	0	1	3	4	4	4	5	6	6	6	6
准确率	40%	50%	70%	80%	70%	60%	70%	80%	80%	80%	60%
敏感度	100%	100%	100%	100%	75%	50%	50%	50%	50%	50%	0%
特异度	0%	16.6%	50%	66.6%	66.6%	66.6%	83.3%	100%	100%	100%	100%

G 模型随阈值变化的其他指标数值变化情况如下表所示。

奇数积木阈值	0%	10%	20%	30%	40%	50%	60%	70%	80%	90%	100%
准确识别奇数个数（共 4 个）	4	4	3	3	2	2	2	2	1	1	0
准确识别偶数个数（共 6 个）	0	2	2	3	3	4	4	5	5	6	6
准确率	40%	60%	50%	60%	50%	60%	60%	70%	60%	70%	60%
敏感度	100%	100%	75%	75%	50%	50%	50%	50%	25%	25%	0%
特异度	0%	33.3%	33.3%	50%	50%	66.6%	66.6%	83.3%	83.3%	100%	100%

哪个模型更好呢？从整体数据可以看出，模型 F 的表现更好。因为相比模型 G，模型 F 将奇数积木排列在奇数概率较高的位置，偶数积木排列在奇数概率较低的位置。观察这一趋势，通常使用的工具是 ROC（Receiver Operating Characteristic）曲线。它可以通过图的形式呈现敏感度与特异度之间的变化关系。ROC 曲线下方的面积就是 AUC（Area Under Curve）。通过计算该数值，可以很方便地比较模型的性能。

绘制 ROC 曲线的方法很简单。计算不同阈值下的敏感度和特异度，以特异度为 x 轴（1- 特异度），敏感度为 y 轴，在二维平面内画点连线即可。模型 F 和模型 G 绘制 ROC 曲线的源代码和绘制结果如下所示。

```python
import matplotlib.pyplot as plt
import numpy as np

%matplotlib inline

sens_F = np.array([1.0,  1.0, 1.0,  1.0, 0.75,  0.5,  0.5, 0.5, 0.5, 0.5, 0.0])
spec_F = np.array([0.0, 0.16, 0.5, 0.66, 0.66, 0.66, 0.83, 1.0, 1.0, 1.0, 1.0])

sens_G = np.array([1.0,  1.0, 0.75, 0.75, 0.5,  0.5,  0.5,  0.5, 0.25, 0.25, 0.0])
spec_G = np.array([0.0, 0.33, 0.33,  0.5, 0.5, 0.66, 0.66, 0.83, 0.83,  1.0, 1.0])

plt.title('Receiver Operating Characteristic')
plt.xlabel('False Positive Rate(1 - Specificity)')
plt.ylabel('True Positive Rate(Sensitivity)')

plt.plot(1-spec_F, sens_F, 'b', label = 'Model F')
plt.plot(1-spec_G, sens_G, 'g', label = 'Model G')

plt.plot([0,1],[1,1],'y--')
plt.plot([0,1],[0,1],'r--')

plt.legend(loc='lower right')
plt.show()
```

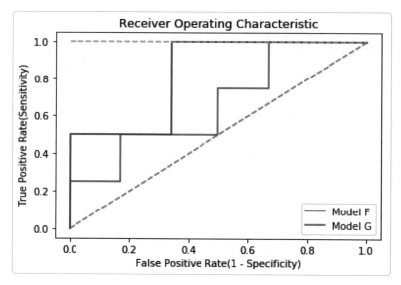

图中的黄色虚线表示的是理想化的模型，敏感度和特异度与阈值变化不相关，都是 100% 时，AUC 值为 1。红色虚线是标准线，AUC 值为 0.5。开发的有效模型曲线至少要位于这条标准虚线之上。再比较模型 F 和模型 G，模型 F 的曲线位置更靠上，AUC 面积也比模型 G 的更大。sklearn 包提供能够更加便捷地绘制 ROC 曲线和计算 AUC 值的函数。不需输入随阈值变化的敏感度和特异度数值，直接输入类值以及模型中的类概率值，就可以绘制出 ROC 曲线，并计算出 AUC 值。调用 sklearn 包的源代码如下所示。

```python
import matplotlib.pyplot as plt
from sklearn.metrics import roc_curve, auc

class_F = np.array([0, 0, 0, 0, 1, 1, 0, 0, 1, 1])
proba_F = np.array([0.05, 0.15, 0.15, 0.25, 0.35, 0.45, 0.55, 0.65, 0.95, 0.95])

class_G = np.array([0, 0, 1, 0, 1, 0, 1, 0, 1])
proba_G = np.array([0.05, 0.05, 0.15, 0.25, 0.35, 0.45, 0.65, 0.75, 0.85, 0.95])

false_positive_rate_F, true_positive_rate_F, thresholds_F = roc_curve(class_F, proba_F)
false_positive_rate_G, true_positive_rate_G, thresholds_G = roc_curve(class_G, proba_G)
roc_auc_F = auc(false_positive_rate_F, true_positive_rate_F)
roc_auc_G = auc(false_positive_rate_G, true_positive_rate_G)

plt.title('Receiver Operating Characteristic')
plt.xlabel('False Positive Rate(1 - Specificity)')
plt.ylabel('True Positive Rate(Sensitivity)')

plt.plot(false_positive_rate_F, true_positive_rate_F, 'b', label='Model F (AUC = %0.2f)'%
roc_auc_F)
plt.plot(false_positive_rate_G, true_positive_rate_G, 'g', label='Model G (AUC = %0.2f)'%
roc_auc_G)
plt.plot([0,1],[1,1],'y--')
plt.plot([0,1],[0,1],'r--')

plt.legend(loc='lower right')
plt.show()
```

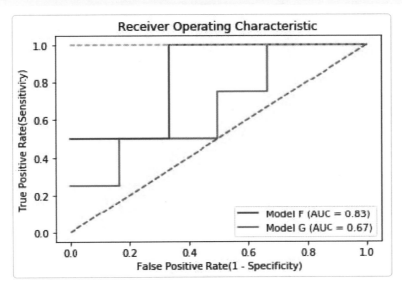

2.5.2 检测与搜索

第一个问题已经解决了，下面我们来看第二个问题。

请从以下积木中找出只有 1 个凸起点数的积木，并摆放在左侧。

这个问题与第一个问题相似，但好像看起来更简单一点。图中的积木中，共有几块只有 1 个凸起点数呢？

答案是 5 块。与上一个问题相同，积木的颜色只是为了使读者方便区分，可以忽略。我们要做出评价的模型共有 6 个，模型得出的结果如下所示。

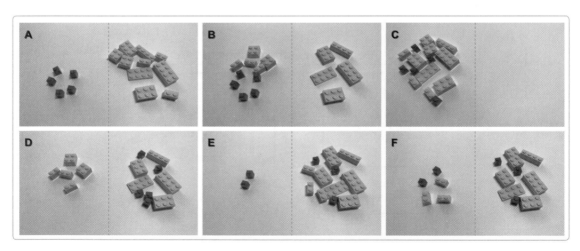

哪个模型的结果最好呢？当然是 A 模型，它将只有 1 个凸起点数的积木准确地全部识别出来。下面看看其他模型的结果。

❑ B 模型：将只有 1 个凸起点数的积木全部识别出来，但同时也将不符合要求的积木识别出来了。

❑ C 模型：将全部积木识别为只有 1 个凸起点数的积木。

❑ D 模型：识别出的积木中，没有一个是只有 1 个凸起点数的积木。

❑ E 模型：识别出的积木全部符合要求，但并没有将全部符合要求的积木识别出来。

❑ F 模型：没有将符合要求的积木全部识别出来，而且识别出的积木中也有不符合要求的。

A 模型和 B 模型哪一个更好呢？ B 模型虽然也成功选出了 5 个正样本，但也错误选择了一些不是只有 1 个凸起点数的积木。为了比较这一差异，我们使用的评价标准是精度。

● 精度

精度是衡量"模型精准程度"的指标。也就是说，模型是否只准确预测正样本的程度。

精度 = 实际的正例 / 所有模型预测为正例的数量

下面计算每个模型的精度。

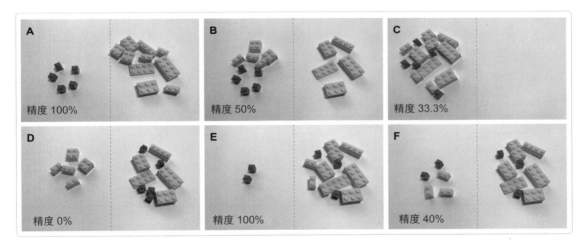

A 模型预测的 5 个正样本中，5 个都是真的正例，精度为 100%；B 模型预测的 10 个正样本中，只有 5 个是真的正例，精度为 50%。E 模型与 A 模型的精度都是 100%，但 E 模型没有检测出全部正样本。即使 A 模型的性能优于 E 模型，但仅从精度的指标上看，二者是没有差异的。对此，我们可以通过召回率来做评价。

● 召回率

召回率是评价"预测时是否有遗漏正样本"的指标。准确预测越多的正样本，召回率越高。

召回率 = 检测出的正例 / 全部正样本数量

下面计算每个模型的召回率。

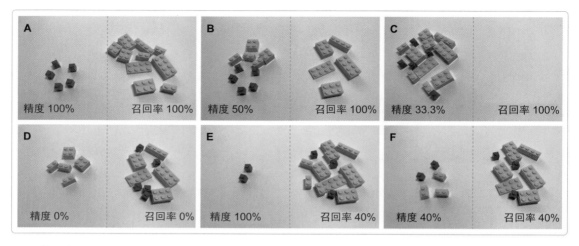

前面提过的 E 模型从全部 5 个正样本中只准确检测出 2 个，因此召回率为 40%；F 模型同样也是从 5 个正样本中准确检测出 2 个，召回率同样为 40%。但两个模型的精度差异很大，E 模型的精度相对较高，因此可以说 E 模型的性能更好。还要再提一下 C 模型。召回率是评价从全部正样本中准确检测出正样本个数的指标，所以 C 模型的召回率为 100%。下表比较了目前为止统计的各模型评价指标。

类　　别	模型 A	模型 B	模型 C	模型 D	模型 E	模型 F
总检测数	5 个	10 个	15 个	5 个	2 个	5 个
真的正例（共 5 个）	5 个	5 个	5 个	0 个	2 个	2 个
精度	100%	50%	33%	0%	100%	40%
召回率	100%	100%	100%	0%	40%	40%

检测问题与分类问题的不同在于，在检测问题中，我们并不关注没有检测出的真的反例。

我们举一个小学生郊游时经常玩的寻宝游戏来复习一下上面的概念。假设老师藏了 10 个宝物。

❑ 哲秀找到了 5 件物品，都是宝物：精度 100%，召回率 50%。
❑ 英熙找到了 100 件物品，其中只有 1 个是宝物：精度 1%，召回率 10%。

● 其他指标

如前所述，模型在预测积木属性时，不是直接得出全部结果，而是根据每个个体的概率进行推测。判断个体概率的标准称为阈值。我们之前看到的所有模型结果都是以阈值为基础进行预测的。现在假设有一个 G 模型，与 F 模型的精度同为 40%，召回率也同为 40%。使用之前的方法，我们将 F 模型与 G 模型识别个体的概率，以 10% 为单位按升序排列，如下所示。

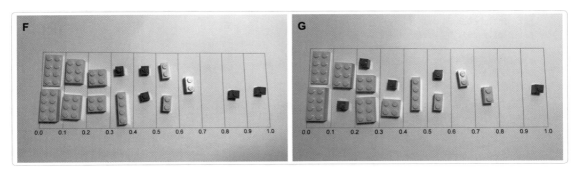

F 模型阈值以 10% 为单位，精度与召回率的数值变化如下所示。

凸起数为 1 点的积木阈值	0%	10%	20%	30%	40%	50%	60%	70%	80%	90%	100%
总检测数	15 个	13 个	11 个	9 个	7 个	5 个	3 个	2 个	2 个	1 个	0 个
真的正例（共 5 个）	5 个	5 个	5 个	5 个	4 个	2 个	2 个	2 个	2 个	1 个	0 个
精度	33.3%	38.4%	45.4%	55.5%	57.1%	40%	66.6%	100%	100%	100%	0%
召回率	100%	100%	100%	100%	80%	40%	40%	40%	40%	20%	0%

G 模型数据整理如下所示。

凸起数为 1 点的积木阈值	0%	10%	20%	30%	40%	50%	60%	70%	80%	90%	100%
总检测数	15 个	13 个	11 个	8 个	6 个	5 个	3 个	2 个	1 个	1 个	0 个
真正例（共 5 个）	5 个	5 个	4 个	3 个	2 个	2 个	1 个	1 个	1 个	1 个	0 个
精度	33.3%	38.4%	36.3%	37.5%	33.3%	40%	33.3%	50%	100%	100%	0%
召回率	100%	100%	80%	60%	40%	40%	20%	20%	20%	20%	0%

哪个模型更好呢？在检测问题中，我们使用的工具是 Precision-Recall Graph。图中，以召回率为 x 轴、精度为 y 轴，在二维平面中呈现模型结果。以下是绘制图的源代码。

```
import matplotlib.pyplot as plt
import numpy as np

%matplotlib inline

precision_F = np.array([0.33, 0.38, 0.45, 0.55, 0.57, 0.40, 0.66, 1.0, 1.0, 1.0, 1.0])
recall_F = np.array([1.0, 1.0, 1.0, 1.0, 0.8, 0.4, 0.4, 0.4, 0.4, 0.2, 0.0])

precision_G = np.array([0.33, 0.38, 0.36, 0.37, 0.33, 0.40, 0.33, 0.5, 1.0, 1.0, 1.0])
recall_G = np.array([1.0, 1.0, 0.8, 0.6, 0.4, 0.4, 0.2, 0.2, 0.2, 0.2, 0.0])

plt.title('Precision-Recall Graph')
plt.xlabel('Recall')
plt.ylabel('Precision')
```

```
plt.plot(recall_F, precision_F, 'b', label = 'Model F')
plt.plot(recall_G, precision_G, 'g', label = 'Model G')

plt.legend(loc='upper right')
plt.show()
```

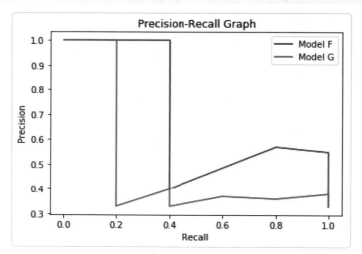

这种呈现数据指标的图称为 AP（Average Precision）。对于召回率大于每一个阈值，我们都会得到一个对应的最大精度。sklearn 包提供的函数可以更简单地绘制 Precision-Recall Graph 及 AP。无须计算不同阈值下的精度和召回率，直接输入类值以及模型中的类概率值即可。调用 sklearn 包的源代码如下所示。

```
import matplotlib.pyplot as plt
from sklearn.metrics import precision_recall_curve, average_precision_score

class_F = np.array([0, 0, 0, 0, 0, 0, 1, 0, 1, 1, 0, 0, 0, 1, 1])
proba_F = np.array([0.05, 0.05, 0.15, 0.15, 0.25, 0.25, 0.35, 0.35, 0.45, 0.45, 0.55, 0.55,
0.65, 0.85, 0.95])

class_G = np.array([0, 0, 0, 1, 1, 0, 0, 1, 0, 0, 1, 0, 0, 0, 1])
proba_G = np.array([0.05, 0.05, 0.15, 0.15, 0.25, 0.25, 0.25, 0.35, 0.35, 0.45, 0.55, 0.55,
0.65, 0.75, 0.95])

precision_F, recall_F, _ = precision_recall_curve(class_F, proba_F)
precision_G, recall_G, _ = precision_recall_curve(class_G, proba_G)

ap_F = average_precision_score(class_F, proba_F)
ap_G = average_precision_score(class_G, proba_G)

plt.title('Precision-Recall Graph')
plt.xlabel('Recall')
plt.ylabel('Precision')

plt.plot(recall_F, precision_F, 'b', label = 'Model F (AP = %0.2F)'%ap_F)
plt.plot(recall_G, precision_G, 'g', label = 'Model G (AP = %0.2F)'%ap_G)

plt.legend(loc='upper right')
plt.show()
```

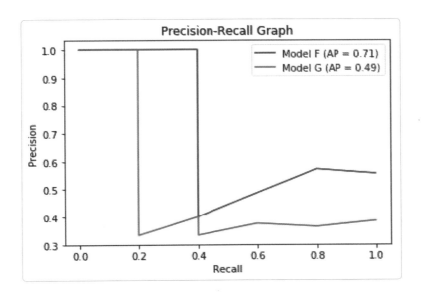

F 模型的 AP 数值高于 G 模型，因此可以说 F 模型的性能更好。

2.5.3 分离

下面看看最后一个问题。

请按照图片中的 Ground Truth，排列摆放相同的积木，即区分整体区域内的黄色和绿色积木。

这个问题很简单，依然是连小朋友都可以很快完成的题目。A~E 模型的完成结果虽然与 Ground Truth 相似，但各有一些差异。

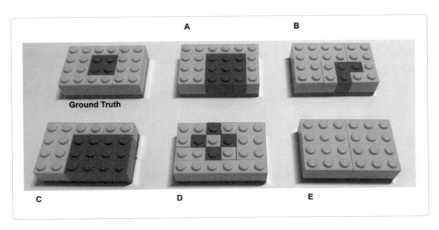

哪一个模型的输出结果最好呢？最简单的判定方法是使用像素准确率（Pixel Accuracy）判断。像素是图像处理中的术语，此处假设每一块积木是一个像素。这个问题中的分类是绿色和黄色两种颜色的积木。

像素准确率 =（准确预测绿色色块的个数 + 准确预测黄色色块的个数）/ 全部积木数

下面计算每个模型的像素准确率。

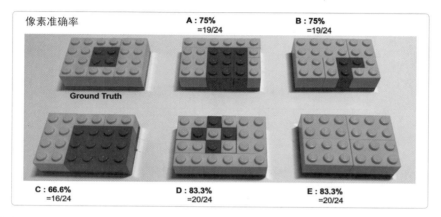

由于我们只是简单地以颜色准确的积木个数作为判断指标，因此会出现输出结果不同的模型其准确率数值相同的情况。E 模型中没有绿色积木，但准确率为 83.3%。那么我们如何更加准确地综合判断不同色块的准确率呢？有一种根据不同颜色分类计算像素准确率的方法，叫作平均准确率（Mean Accuracy）。这种方法通过计算不同类型色块的像素准确率计算平均值。

平均准确率 =（准确预测绿色色块的个数 / 全部绿色色块数 + 准确预测黄色色块的个数 / 全部黄色色块数）/2

上面公式中的 2 就是类别数。下面根据各个模型的输出结果，分别计算其平均准确率。

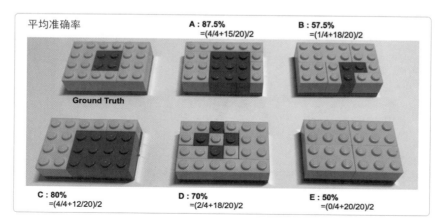

前面提到过的 E 模型，在这次计算中得到的分数最低。虽然黄色色块的像素准确率为 100%，但绿色色块的像素准确率为 0%，平均准确率就变成了 50%。A 模型和 C 模型的得分相对较高。C 模型中预测黄色色块的失误率较高，但最终的平均准确率也可以达到 80%。出现这种情况是因为，计算准确率时只计算了正确预测色块的个数，而忽略了失误，没有惩罚方法。那么，该如何在评判结果中考虑对失误的惩罚呢？对此，可以使用名为 Mean IU 的评价方法。IU 是 Intersection over Union 的缩写，简单来讲就是模型产生的目标窗口和原来标记窗口的交叠率。Mean IU 就是不同色块 IU 的平均值。

Mean IU =（绿色色块 IU + 黄色色块 IU）/2

计算每个模型的 Mean IU。

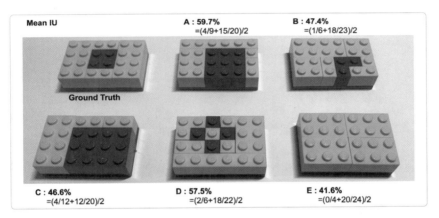

下面展开说明 IU 数值的含义。以 D 模型为例，观察下图可以看出，Ground Truth 中绿色色块的位置与模型输出结果中绿色色块的重叠区域为 2 块，交叉的区域有 6 块，即绿色色块的 IU 为 2/6，黄色色块的 IU 为 18/22。Mean IU 取平均值，也就是 57.5%。

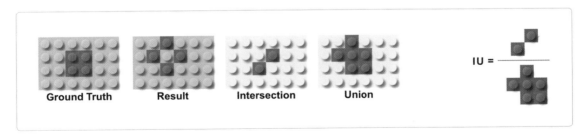

在像素准确率和平均准确率中，没有考虑对失误的惩罚；而对于 Mean IU，失误的数值越多，分母越大，最终的数值也就越小。另外，由于分类别计算 IU 之后取平均值，所以即使其中某一类别所占比例很低，也会对最终的 Mean IU 数值产生影响。如果不同类别的像素数量不同，希望针对像素数量多的分类予以更高的权重，那么可以使用频率加权 IU（Frequency Weighted IU）。各个模型的频率加权 IU 计算结果如下所示。

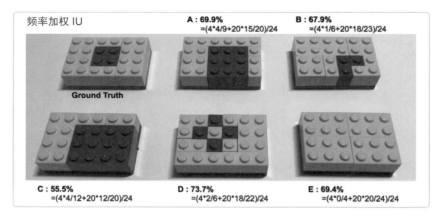

下面总结前面提到的 4 种评价指标。

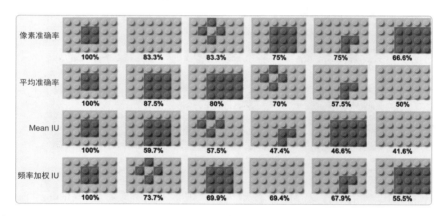

理解每种评价标准的意义并对比每个模型不同指标下的数值，分析其对应的评价意义，有助于加强对多种评价指标的理解。

小结

本节定义了分类、检测及搜索、分离问题，并通过不同随机模型的输出结果进行了不同类指标的评价。模型评价对于模型在域中的调用极为重要。不同域中使用的术语与评价标准各有不同，针对不同评价标准的使用场景和意义进行仔细的计算和思考，对于在实际场景中使用深度模型很有帮助。

2.6 查看 / 保存 / 调用训练模型

通过几小时（或几天）的训练后，深度学习模型的输出满足预期后，我们会希望在实际场景中使用模型。此时出现的问题是："每次使用深度学习模型时，都要训练几小时吗？"当然并不需要。训练深度学习模型指的是，更新模型中神经元的权重（weight），我们只需保存模型的结构和权重，在需要时再调用即可。下面简单了解保存、调用深度学习模型结构和权重的方法：

- ❑ 查看简易模型
- ❑ 实操中的深度学习系统
- ❑ 保存已训练模型
- ❑ 查看模型架构
- ❑ 调用已训练模型

2.6.1　查看简易模型

以下是使用 MNIST 数据集（手写体）进行数字分类的简单多层感知器神经网络模型源代码。这段代码包含从模型构建到训练、评价、使用的全部内容。为此，我们已搭建好了数据集，准备了训练集、验证集和测试集。模型完成训练集的训练后，还将进行随机测试集的预测。

```python
# 0. 调用要使用的包
from keras.utils import np_utils
from keras.datasets import mnist
from keras.models import Sequential
from keras.layers import Dense, Activation
import numpy as np
from numpy import argmax

# 1. 生成数据集

# 调用训练集和测试集
(x_train, y_train), (x_test, y_test) = mnist.load_data()

# 数据集预处理
x_train = x_train.reshape(60000, 784).astype('float32') / 255.0
x_test = x_test.reshape(10000, 784).astype('float32') / 255.0

# 独热编码处理
y_train = np_utils.to_categorical(y_train)
y_test = np_utils.to_categorical(y_test)

# 分离训练集和验证集
x_val = x_train[42000:] # 将训练集的30%分配给验证集
x_train = x_train[:42000]
y_val = y_train[42000:] # 将训练集的30%分配给验证集
y_train = y_train[:42000]

# 2. 模型搭建
model = Sequential()
model.add(Dense(units=64, input_dim=28*28, activation='relu'))
model.add(Dense(units=10, activation='softmax'))

# 3. 设置模型训练过程
model.compile(loss='categorical_crossentropy', optimizer='sgd', metrics=['accuracy'])
```

```python
# 4. 训练模型
model.fit(x_train, y_train, epochs=5, batch_size=32, validation_date=(x_val, y_val))

# 5. 模型评价
loss_and_metrics = model.evaluate(x_test, y_test, batch_size=32)
print('')
print('loss_and_metrics : ' + str(loss_and_metrics))

# 6. 使用模型
xhat_idx = np.random.choice(x_test,shape[0], 5)
xhat = x_test[xhat_idx]
yhat = model.predict_classes(xhat)

for i in range(5):
    print('True : ' + str(argmax(y_test[xhat_idx[i]])) + ', Predict : ' + str(yhat[i]))
```

```
Train on 42000 samples, validate on 18000 samples
Epoch 1/5
42000/42000 [==============================] - 2s - loss: 0.7889 - acc: 0.7990 - val_loss:
0.4205 - val_acc: 0.8860
Epoch 2/5
42000/42000 [==============================] - 1s - loss: 0.3828 - acc: 0.8951 - val_loss:
0.3443 - val_acc: 0.9026
Epoch 3/5
42000/42000 [==============================] - 1s - loss: 0.3293 - acc: 0.9072 - val_loss:
0.3218 - val_acc: 0.9101
Epoch 4/5
42000/42000 [==============================] - 1s - loss: 0.3004 - acc: 0.9145 - val_loss:
0.2914 - val_acc: 0.9172
Epoch 5/5
42000/42000 [==============================] - 1s - loss: 0.2792 - acc: 0.9200 - val_loss:
0.2761 - val_acc: 0.9219
 7520/10000 [=================>.......] - ETA: 0s
loss_and_metrics : [0.26176290992498397, 0.92659999999999998]
5/5 [==============================] - 0s
True : 9, Predict : 0
True : 7, Predict : 7
True : 4, Predict : 4
True : 3, Predict : 3
True : 4, Predict : 4
```

这段代码中，"模型评价"之前的内容是模型的训练过程，从"使用模型"开始，后面的代码是关于模型调用的内容。将两部分分离为各自独立的模块，就可以获得我们想要的结果。

2.6.2 实操中的深度学习系统

在分离模块之前，我们先来了解一下实操中的深度学习系统。根据域和问题的不同，对应的模型结构也会略有差异。下图是我整理的深度模型的基本架构。

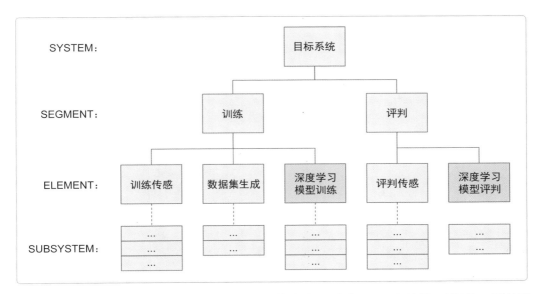

我们将要创建的整体系统称为目标系统，大体分为"训练"和"评判"两部分。"训练"用于进行模型训练，分为三部分，其中"训练传感"用于获得训练所需的数据；"数据集生成"用于对传感数据进行预处理，使之符合模型的学习目的；"深度学习模型训练"用于对模型进行训练。"评判"分为从实操中获取传感数据的"评判传感"，以及使用完成训练的模型对传感数据进行评判的"深度学习模型评判"。前面的代码包含了深度学习模型的训练和评判。下面分别讲解这两部分。

深度学习系统大体分为训练部分和评判部分。

2.6.3　保存已训练模型

模型主要由模型架构和模型权重值构成。模型架构定义了模型的分层及交叠，模型权重值在模型构架早期是随机初始化的，后期通过训练集不断更新。我们所说的保存已训练模型只是保存"模型架构"和"模型权重值"。在 Keras 中，只需使用 save 函数即可将"模型架构"和"模型权重值"保存为 h5 文件。

```
from keras.models import load_model

model.save('mnist_mlp_model.h5')
```

全部源代码如下所示。

```
# 0. 调用要使用的包
from keras.utils import np_utils
from keras.datasets import mnist
from keras.models import Sequential
from keras.layers import Dense, Activation
```

```python
import numpy as np
from numpy import argmax

# 1. 生成数据集

# 调用训练集和测试集
(x_train, y_train), (x_test, y_test) = mnist.load_data()

# 数据集预处理
x_train = x_train.reshape(60000, 784).astype('float32') / 255.0
x_test = x_test.reshape(10000, 784).astype('float32') / 255.0

# 独热编码处理
y_train = np_utils.to_categorical(y_train)
y_test = np_utils.to_categorical(y_test)

# 分离训练集和验证集
x_val = x_train[42000:] # 将训练集的 30% 分配给验证集
x_train = x_train[:42000]
y_val = y_train[42000:] # 将训练集的 30% 分配给验证集
y_train = y_train[:42000]

# 2. 模型搭建
model = Sequential()
model.add(Dense(units=64, input_dim=28*28, activation='relu'))
model.add(Dense(units=10, activation='softmax'))

# 3. 设置模型训练过程
model.compile(loss='categorical_crossentropy', optimizer='sgd', metrics=['accuracy'])

# 4. 训练模型
model.fit(x_train, y_train, epochs=5, batch_size=32, validation_date=(x_val, y_val))

# 5. 模型评价
loss_and_metrics = model.evaluate(x_test, y_test, batch_size=32)
print('')
print('loss_and_metrics : ' + str(loss_and_metrics))

# 6. 保存模型
from keras.models import load_model
model.save('mnist_mlp_model.h5')
```

```
Train on 42000 samples, validate on 18000 samples
Epoch 1/5
42000/42000 [==============================] - 2s - loss: 0.8135 - acc: 0.8003 - val_loss:
0.4292 - val_acc: 0.8827
Epoch 2/5
42000/42000 [==============================] - 2s - loss: 0.3861 - acc: 0.8946 - val_loss:
0.3488 - val_acc: 0.9022
Epoch 3/5
42000/42000 [==============================] - 2s - loss: 0.3297 - acc: 0.9083 - val_loss:
0.3109 - val_acc: 0.9121
Epoch 4/5
42000/42000 [==============================] - 2s - loss: 0.2989 - acc: 0.9159 - val_loss:
0.2892 - val_acc: 0.9186
Epoch 5/5
```

```
42000/42000 [==============================] – 2s – loss: 0.2765 – acc: 0.9226 – val_loss:
0.2712 – val_acc: 0.9239
 8576/10000 [=========================>.....] – ETA: 0s
loss_and_metrics : [0.25794629308581352, 0.92849999999999998]
```

之后从工作目录中查找名为 mnist_mlp_model.h5 的文件。示例生成了 424 KB 大小的文件。
保存的文件包含以下信息：

- ❑ 后期再次架构模型时所需的模型架构信息
- ❑ 构成模型的各神经元权重
- ❑ 代价函数、模型优化等训练设置
- ❑ 方便再次训练调用的训练最终状态

2.6.4　查看模型架构

调用 model_to_dot 函数可将模型架构可视化。生成 model 对象后，输入以下代码，即可随
时调用模块形式的模型架构。

```
from IPython.display import SVG
from keras.utils.vis_utils import model_to_dot

%matplotlib inline

SVG(model_to_dot(model, show_shapes=True).create(prog='dot', format='svg'))
```

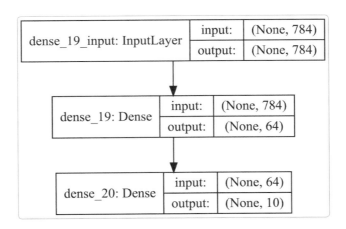

2.6.5　调用已训练模型

现在 mnist_mlp_model.h5 中已保存了模型架构和完成训练的模型权重，下面尝试调用。具
体实现流程如下。

- ❑ 利用模型调用函数，通过之前保存的模型文件重构模型。

❑ 通过模型处理实际数据。此时主要使用的是 predict 函数，但如使用 Sequential 分类模型，使用其提供的 predict_classes 函数可以直接返回类别的索引，即该样本所属的类别标签。

```
# 0. 调用要使用的包
from keras.utils import np_utils
from keras.datasets import mnist
from keras.models import Sequential
from keras.layers import Dense, Activation
import numpy as np
from numpy import argmax

# 1. 准备实操中要使用的真实数据
(x_train, y_train), (x_test, y_test) = mnist.load_data()
x_test = x_test.reshape(10000, 784).astype('float32') / 255.0
y_test = np_utils.to_categorical(y_test)
xhat_idx = np.random.choice(x_test.shape[0], 5)
xhat = x_test[xhat_idx]

# 2. 调用模型
from keras.models import load_model
model = load_model('mnist_mlp_model.h5')

# 3. 使用模型
yhat = model.predict_classes(xhat)

for i in range(5):
    print('True : ' + str(argmax(y_test[xhat_idx[i]])) + ', Predict : ' + str(yhat[i]))
```

```
5/5 [==============================] - 0s
True : 8, Predict : 8
True : 7, Predict : 7
True : 1, Predict : 1
True : 0, Predict : 0
True : 4, Predict : 4
```

可以查看从文件重构的模型架构及权重的输出结果是否有效。

2.6.6 Q&A

Q1 可否单独保存模型架构和模型权重？

A1 可以。调用 model.to_json 函数和 model.to_yaml 函数可以将模型架构保存为 json 或 yaml 文件。调用 model.save_weights 函数，输入存储路径，可将模型权重保存为 h5 文件。若需分别保存，则在构建模型时就需单独处理。先搭建模型架构，之后调用权重对模型进行设置。

```
from models import model_from_json
json_string = model.to_json() # 将模型架构保存为 json 格式
model = model_from_json(json_string) # 从 json 文件重构模型架构

from models import model_from_yaml
yaml_string = model.to_yaml() # 将模型架构保存为 yaml 格式
model = model_from_yaml(yaml_string) # 从 yaml 文件重构模型架构
```

Q2　predict_classes 函数只能在基于 Sequential 的模型中使用吗？

A2　是的。由于基于 functional API 的模型由多个输入 / 输出模型构成，所以预测函数的输出形态很多样，因此返回类别索引的简单预测函数不支持此函数。

小结

　　本节讲解了对已完成训练模型的保存及调用方法。保存的文件中，除模型架构及权重外，还保存了训练设置及状态，因此在调用模型后，应对模型进行再次训练。持续生成新数据集时，再次训练及评价过程会频繁进行。在普通的深度学习系统中，为缩短训练处理时间，通常使用 GPU 或集群设备训练模型，并利用模型训练结果文件在普通电脑或手机、嵌入式系统中进行模型评判。根据模型的域、使用目的的不同，运营策略和环境也会不同，因此，需对深度学习模型分别进行研究，同时也不能忽略模型在实际运行中对目标系统的设计。

第 3 章
分层概念

3.1 多层感知层简介

从本章开始，我们要了解 Keras 中使用的层（layer）的概念及相关内容。Keras 的核心数据结构是模型，而模型是由很多层构成的。我们先简单学习神经元的相关内容，之后主要针对层的基本概念、作用等进行详细介绍，并讲述层如何叠加构成模型。熟知基本的层级概念后，构建模型就像搭积木一样简单。下面以多层感知神经网络模型中使用的 Dense 层为重点展开说明。

3.1.1 模仿人类神经系统的神经元

神经网络中的神经元等术语模仿了人类的神经系统概念，图中左侧是人类的神经元，右侧是对其的建模。

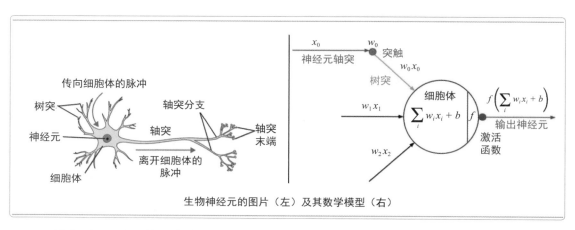

生物神经元的图片（左）及其数学模型（右）

- ❑ **轴突（axon）**：像人类手臂一样延伸，连接其他神经元的树突。
- ❑ **树突（dendrite）**：自神经元胞体伸出的树枝形态的、较短而分支多的突起，连接其他神经元的轴突。
- ❑ **突触（synapse）**：通过它一个神经元向另一个神经元传递信号，它可与其他神经元的细胞体或树突相接触。

单个神经元与多个其他神经元的轴突相连接，连接突触的强度决定了相连接的两个神经元互相影响的程度。这种影响程度之和超过某个特定值时，发出信号并通过轴突传达给其他神经元。上页的右侧建模图中，对应关系如下。

❑ x_0, x_1, x_2：从输入神经元轴突接受的信号量。

❑ w_0, w_1, w_2：突触的强度，即输入神经元的影响程度。

❑ $w_0x_0+w_1x_1+w_2x_2$：输入的信号量与对应信号的突触强度相乘后相加的值。

❑ f：决定最终合计值向其他神经元传达信号量的规则，称为激活函数。

如果将收到 3 个信号而只传达一个信号的神经元比喻为色块，表现形式如下。绿色色块表示突触的强度，黄色色块和红色色块表示基因，蓝色色块表示激活函数。

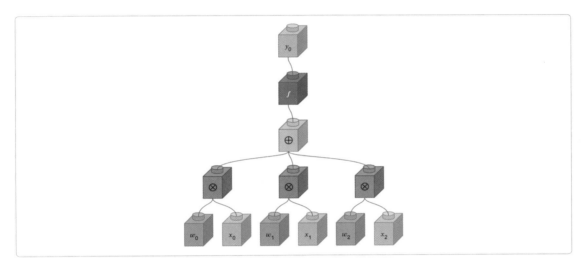

如果 3 个信号分别向另外两个神经元传达，每个神经元各输出一个信号，那么共输出两个信号。通过色块的形式表现如下。

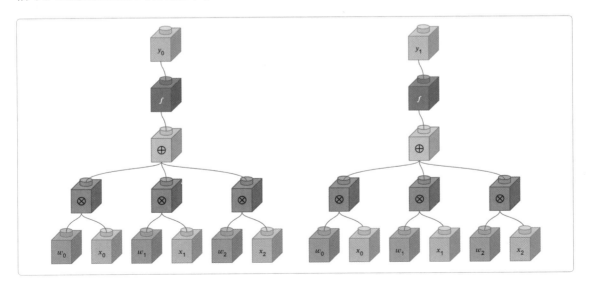

将上页的下图重叠，即表示收到 3 个信号的两个神经元，图像变化如下。此处需要注意的是突触的强度，即绿色色块的个数。由于 3 个信号连接两个神经元，所以共有 6（3×2）种连接的情况。

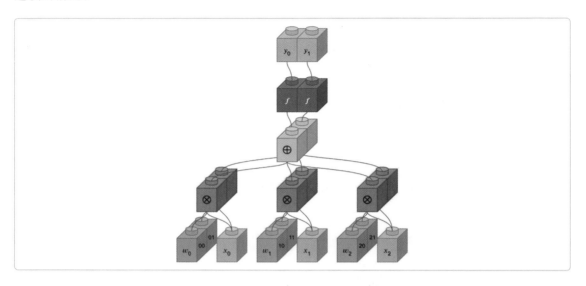

3.1.2　连接输入 / 输出的 Dense 层

　　Dense 层既连接输入，也连接输出。举例来说，如果输入神经元有 4 个，输出神经元有 8 个，则共有 32（4×8）条连接线。每条连接线都包含权重，权重就是连接强度。共有 32 条连接线，也就是共有 32 个权重。

> 权重越高，对应的输入神经元对于输出神经元的影响力越大，反之亦然。

　　举例来说，在判断性别的问题中，输出神经元的值表示性别，输入神经元中包括头发长短、身高、血型等，其中头发长短的权重最高，身高的权重居中，血型的权重最低。深度学习训练过程中会不断更新权重。这种将输入神经元与输出神经元全部连接起来的形态称作全连接层，在 Keras 中通过 Dense 类实现。以下是调用 Dense 类的示例。

```
Dense(8, input_dim=4, activation='relu')
```

　　主要参数如下。
- ❑ 第一个参数：输出神经元的个数。
- ❑ input_dim：输入神经元的个数。
- ❑ activation：激活函数。
  - – linear：默认值，输入神经元与权重计算得出的结果值。
  - – relu：rectifier 函数，主要用于隐藏层。

- sigmoid：sigmoid 函数，主要用于二元分类问题的输出层中。
- softmax：softmax 函数，主要用于多元分类问题的输出层中。

Dense 层不受输入神经元个数的限制，可自由设定输出神经元的个数，因此在输出层中比较常用。在二元分类问题中，输出神经元只有 0 或 1 中的一种情况，因此在如下代码中，使用 sigmoid 作为激活函数，输出神经元只有一个，将输入神经元与权重计算的数值映射到 0 和 1 之间。

```
Dense(1, input_dim=3, activation='sigmoid')
```

通过色块的形式表现如下图所示。左侧是将前面提到的神经元详细结构图示化，右侧是将之简化的形式。左侧图中，突触强度通过绿色色块表示，中间图中的突触强度则通过连接线表示，右侧图中将之省略。即使省略突触强度，直接通过输入神经元和输出神经元的数量相乘也可以简单推算出结果。

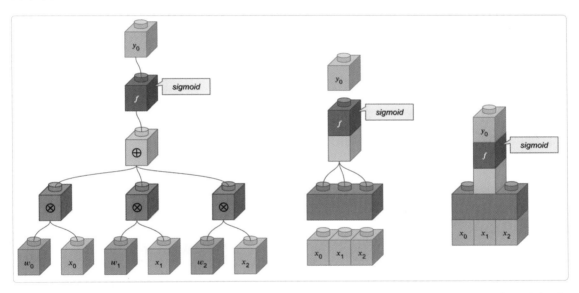

在多元分类问题中，需要与类别个数同等多的输出神经元个数。如果问题需分 3 种类别，则需使用如下代码中的 softmax 激活函数，输出神经元个数为 3，将输入神经元和权重的计算结果转化为不同类别的概率。

```
Dense(3, input_dim=4, activation='softmax')
```

将其表现为色块形式，如下图所示。输入信号个数为 4，输出信号个数为 3，因此突触强度共有 12 个。

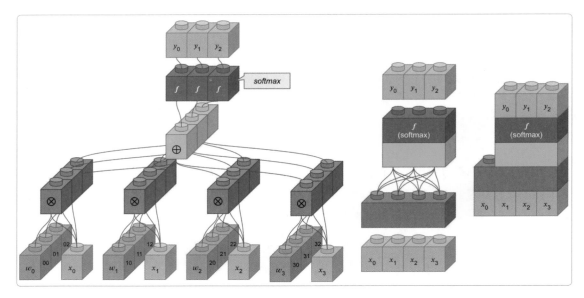

Dense 层多用于输出层之前的隐藏层中，以及非影像的数据信息输入层中。此时主要使用的激活函数是 relu 函数。relu 在训练过程的反向传播算法中具有良好的性能。

```
Dense(4, input_dim=6, activation='relu')
```

将其表现为色块形式，如下图所示。

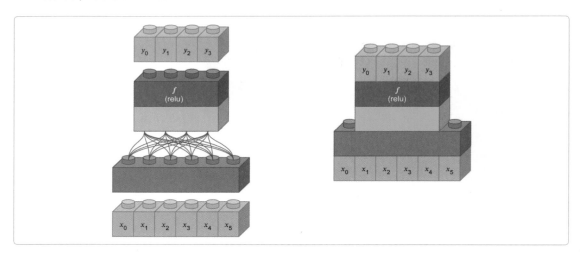

当添加非输入层时，因为我们已经在第一个隐藏层中指定了神经元个数，因此此处不需要指定 input_dim。下面代码中，只在输入层中指定 input_dim，后面的各层中无须再次指定。

```
model.add(Dense(8, input_dim=4, activation='relu'))
model.add(Dense(6, activation='relu'))
model.add(Dense(1, activation='sigmoid'))
```

将其表现为色块形式，如下图所示。左侧将 3 个 Dense 层图示化，右侧呈现了施加输入信号时从输入信号到输出信号的分层结构。现在通过色块结构，可以清晰了解当输入值为 4、输出值为 0 和 1 之间数值时的分层结构。使用的激活函数是 sigmoid，因此适用于二元分类问题。

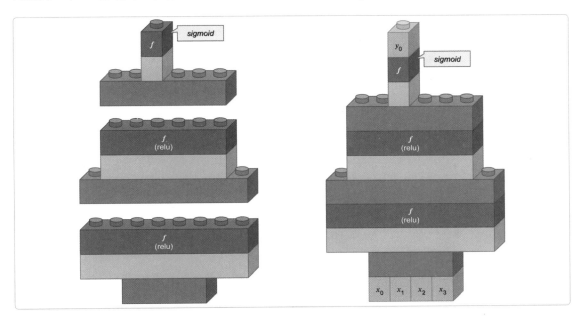

下面通过 Keras 实现搭建起来的色块。以下是解决接收 4 个输入值并进行二元分类问题的模型代码。

```python
from keras.models import Sequential
from keras.layers import Dense

model = Sequential()

model.add(Dense(8, input_dim=4, activation='relu'))
model.add(Dense(6, activation='relu'))
model.add(Dense(1, activation='sigmoid'))
```

运用 Keras 的可视化功能，可以将搭建的各层以矢量图的形式表现。与色块图相比，只是改变了上下位置，没有明显差异。

```python
from IPython.display import SVG
from keras.utils.vis_utils import model_to_dot

%matplotlib inline

SVG(model_to_dot(model, show_shapes=True).create(prog='dot', format='svg'))
```

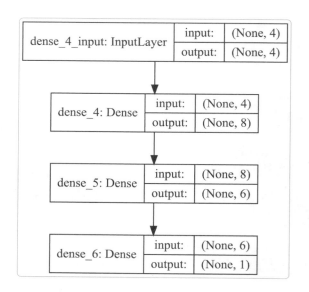

　　本节针对神经网络中的神经元进行了简单讲解，并使用多种形式的图进行了呈现；还介绍了多层感知神经网络模型中最基本的全连接层 Dense，以及叠加 Dense 层的方法。

3.2 搭建多层感知神经网络模型

　　本节学习如何通过 Keras 搭建简单的多层感知神经网络模型，讲解顺序如下：
- ❑ 定义问题
- ❑ 准备数据
- ❑ 生成数据集
- ❑ 搭建模型
- ❑ 设置模型训练过程
- ❑ 训练模型
- ❑ 评价模型

3.2.1 定义问题

　　多层感知神经网络模型是最基本的模型，适用于大部分问题。此处将通过比较简单的二元分类问题进行说明。在这个二元分类示例中，数据集"印第安土著皮马人糖尿病发病记录"中记录了与糖尿病相关的 8 种变量。首先将问题定义为，运用数据集，将 8 种变量作为独立变量，预测是否患有糖尿病的二元分类问题。

选择"印第安土著皮马人糖尿病发病记录"作为数据集的原因是：

❑ 实例数量及属性数适合用作示例；

❑ 全部特征属性均为整数或实数，不需要对数据进行预处理。

准备数据集之前，为确保每次运行的结果一致，需要明确指定一个随机种子（random seed）。如果不指定随机种子，则会导致每次运行同一模型时，输出的结果不一致。因此，在模型的研究开发阶段，为了方便观察不同数据集输出结果的差异并对参数进行调整，最好指定随机种子。

```
import numpy as np
from keras.models import Sequential
from keras.layers import Dense

# 指定随机种子
np.random.seed(5)
```

3.2.2 准备数据

该数据集中有以下几项重要数据。

❑ 实例数量：768 个

❑ 属性数量：8 种

❑ 类别：2 种

8 种属性（1~8 号）与结果（9 号）的详细内容如下。

1. 怀孕次数

2. 口服葡萄糖耐量检查中，2 小时血浆葡萄糖浓度

3. 低压（mmHg）

4. 肱三头肌皮肤皱壁厚度（mm）

5. 2 小时血清胰岛素含量（mu，U/ml）

6. 身高体重指数

7. 直系亲属糖尿病病史

8. 年龄（岁）

9. 5 年内糖尿病是否病发

其中，阳性病例共 268 个（34.9%），阴性病例共 500 个（65.1%）。也就是说，如果模型将全部病例都预测为阴性，达到的基线准确率（baseline accuracy）为 65.1%。如果模型的准确率低于 65.1%，也就相当于低于将全部病例都预测为阴性的准确率。现在开发的算法的最高准确率在十折交叉验证时，网页上显示的数值为 77.7%。

pima-indians-diabetes.data 是 CSV 格式的实际数据文件。CSV 文件是使用逗号分离数据的 txt 文件，可以通过记事本或 Excel 打开。

```
6,148,72,35,0,33.6,0.627,50,1
1,85,66,29,0,26.6,0.351,31,0
8,183,64,0,0,23.3,0.672,32,1
1,89,66,23,94,28.1,0.167,21,0
0,137,40,35,168,43.1,2.288,33,1
```

不同属性的数据大致统计如下。

序号	属 性	平 均	标准偏差
1	怀孕次数	3.8	3.4
2	葡萄糖耐量	102.9	32.0
3	低压	69.1	19.4
4	肱三头肌皮肤皱壁厚度	20.5	16.0
5	血清胰岛素含量	79.8	115.2
6	身高体重指数	32.0	7.9
7	直系亲属糖尿病病史	0.5	0.3
8	年龄	33.2	11.8

通过 numpy 包中提供的 loadtxt 函数调用数据。

```
dataset = np.loadtxt("./warehouse/pima-indians-diabetes.data", delimiter=",")
```

3.2.3 生成数据集

通过 numpy 包中提供的 loadtxt 函数，可以直接调用 CSV 格式的文件。数据集中包含属性值和评判结果，因此需要将输入（8 种属性值）和输出（1 个评判结果）分离。

```
x_train = dataset[:700,0:8]
y_train = dataset[:700,8]
x_test = dataset[700:,0:8]
y_test = dataset[700:,8]
```

3.2.4 搭建模型

只需使用 Dense 层就可以完成多层感知神经网络模型的搭建。8 种属性对应 8 个输入神经元，由于是二元分类问题，所以只需要一个值在 0~1 的输出神经元。

❑ 第一层 Dense 层是隐藏层（hidden layer），接收 8 个神经元输入，同时输出 12 个神经元。
❑ 第二层 Dense 层也是隐藏层，接收 12 个神经元输入，并输出 8 个神经元。
❑ 第三层 Dense 层是输出层，接收 8 个神经元输入，输出一个神经元。

下面通过色块的形态表现这种结构。模型共由 3 个 Dense 层构成，输入 8 个属性值之后，获得一个输出值。

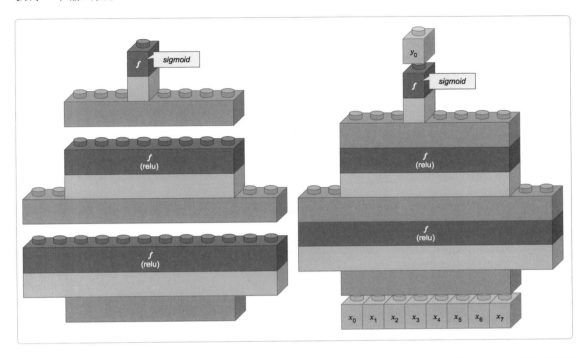

```
model = Sequential()
model.add(Dense(12, input_dim=8, activation='relu'))
model.add(Dense(8, activation='relu'))
model.add(Dense(1, activation='sigmoid'))
```

隐藏层都是用 relu 作为激活函数，只有输出层由于输出 0~1 的一个数值，所以用 sigmoid 作为激活函数。通过输出的 0~1 的实数数值，可以简单映射到阳性分类的准确率。

```
from IPython.display import SVG
from keras.utils.vis_utils import model_to_dot

%matplotlib inline

SVG(model_to_dot(model, show_shapes=True).create(prog='dot', format='svg'))
```

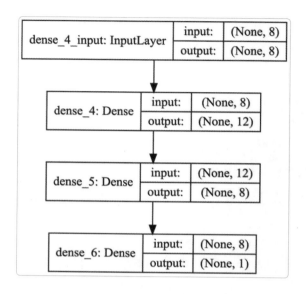

3.2.5　设置模型训练过程

模型定义好之后，开始定义代价函数并优化算法。

❑ loss：用于评价权重设定的代价函数，在二元分类问题中指定为 binary_crossentropy。

❑ optimizer：搜索最优权重的优化算法，此处使用高效梯度下降法中的 adam。

❑ metrics：衡量指标，在二元分类问题中通常指定为 accuracy。

```
model.compile(loss='binary_crossentropy', optimizer='adam', metrics=['accuracy'])
```

3.2.6　训练模型

调用 fit 函数训练模型。

❑ 第一个参数：输入变量。输入包含 8 种属性值的 X。

❑ 第二个参数：输出变量，也就是标签值。输入包含预测结果值的 Y。

❑ epochs：指定对整体训练数据集进行训练的循环次数。设定为 1500 次。

❑ batch_size：对权重进行更新的 batch 大小，指定为 64 个。

```
model.fit(x_train, y_train, epochs=1500, batch_size=64)

Epoch 1/1500
700/700 [==============================] - 0s - loss: 6.7867 - acc: 0.4457
Epoch 2/1500
700/700 [==============================] - 0s - loss: 5.5095 - acc: 0.5329
Epoch 3/1500
700/700 [==============================] - 0s - loss: 4.3757 - acc: 0.6257
Epoch 4/1500
```

```
700/700 [==============================] - 0s - loss: 3.9384 - acc: 0.6400
...
Epoch 1474/1500
700/700 [==============================] - 0s - loss: 0.4070 - acc: 0.7986
Epoch 1475/1500
700/700 [==============================] - 0s - loss: 0.4049 - acc: 0.8100
Epoch 1476/1500
 64/700 [=>............................] - ETA: 0s - loss: 0.4664 - acc: 0.7656
```

3.2.7　评价模型

使用测试集对已完成训练的模型进行评价。

```
scores = model.evaluate(x_test, y_test)
print("%s: %.2f%%" %(model.metrics_names[1], scores[1]*100))

32/68 [==============>...............] - ETA: 0sacc: 77.94%
```

输出的结果值是 77.94%。虽然针对不同类型的模型评价方法会有不同，但本例相比于网页中显示的 77.7% 还是令人相对满意的。

3.2.8　全部代码

```
# 0. 调用要使用的包
import numpy as np
from keras.models import Sequential
from keras.layers import Dense

# 指定随机种子
np.random.seed(5)

# 1. 准备数据
dataset = np.loadtxt("./warehouse/pima-indians-diabetes.data", delimiter=",")

# 2. 生成数据集
x_train = dataset[:700,0:8]
y_train = dataset[:700,8]
x_test = dataset[700:,0:8]
y_test = dataset[700:,8]

# 3. 搭建模型
model = Sequential()
model.add(Dense(12, input_dim=8, activation='relu'))
model.add(Dense(8, activation='relu'))
model.add(Dense(1, activation='sigmoid'))

# 4. 设置模型训练过程
model.compile(loss='binary_crossentropy', optimizer='adam', metrics=['accuracy'])

# 5. 训练模型
model.fit(x_train, y_train, epochs=1500, batch_size=64)
```

```
# 6. 评价模型
scores = model.evaluate(x_test, y_test)
print("%s: %.2f%%" %(model.metrics_names[1], scores[1]*100))
```

```
Epoch 1/1500
700/700 [==============================] - 0s - loss: 6.7867 - acc: 0.4457
Epoch 2/1500
700/700 [==============================] - 0s - loss: 5.5095 - acc: 0.5329
Epoch 3/1500
700/700 [==============================] - 0s - loss: 4.3757 - acc: 0.6257
Epoch 4/1500
700/700 [==============================] - 0s - loss: 3.9384 - acc: 0.6400
...
Epoch 1498/1500
700/700 [==============================] - 0s - loss: 0.4021 - acc: 0.8057
Epoch 1499/1500
700/700 [==============================] - 0s - loss: 0.4056 - acc: 0.8000
Epoch 1500/1500
700/700 [==============================] - 0s - loss: 0.4082 - acc: 0.8043
 32/68 [=============>...............] - ETA: 0sacc: 77.94%
```

小结

　　本节直接搭建了多层感知神经网络模型，并使用实际数据进行了训练。为了方便训练模型，示例中使用的是数值型数据，并进行了简单的处理。此外，还讲述了针对二元分类问题，应如何搭建模型的输入层和输出层。

　　在结束本节之前，我将针对"印第安土著皮马人糖尿病发病记录"进一步展开讲解。该记录中还有一个名为 costs 的文件夹，包含各种属性信息相关的费用，以及获取时间等数据信息。首先说明 costs 文件夹中的文件内容。

❏ pima-indians-diabetes.cost：用于测试不同属性的费用，以加拿大元为单位。

❏ pima-indians-diabetes.delay：测试不同属性时是直接输出结果还是有延迟。举例来说，血液检查的结果需要在采集血液之后将样本送往实验室，次日才能得到结果，测试时需要等待。

❏ pima-indians-diabetes.expense：各种属性信息打包测试时，可以有折扣，因此标有每种属性的打包价格。

❏ pima-indians-diabetes.group：标有可以参与打包的属性。

　　下面使用表格对各属性进行概括总结。怀孕次数或年龄、血压等信息可以通过口头确认或简单的测定获取数据，因此费用较低。葡萄糖耐量检查或血清胰岛素含量等数值需要进行血液检查，因此会产生一定的费用，并且不能马上得到结果。在实际场景中应用深度学习模型时，采集数据并获得评判结果并不容易，也很难估算费用。只有考虑到时间、费用等各个方面并制订好计划，才能高效采集数据。

序号	属　　性	测试时间	费用（CAD）	打包折扣费用（CAD）
1	怀孕次数	即时	1.00	N/A
2	葡萄糖耐量	延迟	17.61	15.51
3	血压	即时	1.00	N/A
4	肱三头肌皮肤皱壁厚度	即时	1.00	N/A
5	血清胰岛素含量	延迟	22.78	20.68
6	身高体重指数	即时	1.00	N/A
7	直系亲属糖尿病病史	即时	1.00	N/A
8	年龄	即时	1.00	N/A

3.3 卷积神经网络分层

卷积神经网络与**多层感知器神经网络**相似，但为适用于图像处理，卷积神经网络针对图像特征做出了相应的优化。卷积神经网络主要由卷积（convolution）层、最大池化（max pooling）层、Flatten 层构成，下面简单介绍每个分层的结构及其作用。

3.3.1　过滤特征显著的卷积层

Keras 中提供多种卷积层，主要用于图像处理的是 Conv2D 层，多用于图像识别，同时具有过滤功能。以下是 Conv2D 类的使用示例。

```
Conv2D(32, (5, 5), padding='valid', input_shape=(28, 28, 1), activation='relu')
```

主要参数如下。
- ❑ **第一个参数**：卷积过滤器个数。
- ❑ **第二个参数**：卷积内核的 (行 , 列)。
- ❑ padding：定义补边方法。
  - valid：只输出有效区域，因此输出图像小于原图像。
  - same：输出图像与原图像大小相同。
- ❑ input_shape：定义除样本数量之外的输入格式，只有模型中的第一层需要定义。
  - 通过（行，列，信道）定义。黑白图像的信道为 1，彩色（RGB）图像的信道为 3。
- ❑ activation：设置激活函数。
  - linear：默认值，直接输出输入神经元与权重计算结果。
  - relu：rectifier 函数，主要用于隐藏层。
  - sigmoid：sigmoid 函数，主要用于二元分类问题的输出层。
  - softmax：softmax 函数，主要用于多元分类问题的输出层。

输入格式如下。

❏ image_data_format 为 channels_first 时，由（样本数，信道数，行，列）构成的 4D 张量。

❏ image_data_format 为 channels_last 时，由（样本数，行，列，信道数）构成的 4D 张量。

image_data_format 值在 keras.json 文件中设置。可在控制台中使用 vi ~/.keras/keras.json 修改 keras.json 文件的内容。

输出格式如下。

❏ image_data_format 为 channels_first 时，由（样本数，过滤器数，行，列）构成的 4D 张量。

❏ image_data_format 为 channels_last 时，由（样本数，行，列，过滤器数）构成的 4D 张量。

❏ padding 为 same 时，行与列的大小与输入格式中的行与列相等。

下面通过简单的示例了解卷积神经网络层与过滤器。假设输入图像的信道值为 1，宽为 3 像素，高为 3 像素，有一个内核尺寸为 2×2 的过滤器，使用层表示如下（此时 image_data_format 为 channels_last）。

```
Conv2D(1, (2, 2), padding='valid', input_shape=(3, 3, 1))
```

如下图所示。

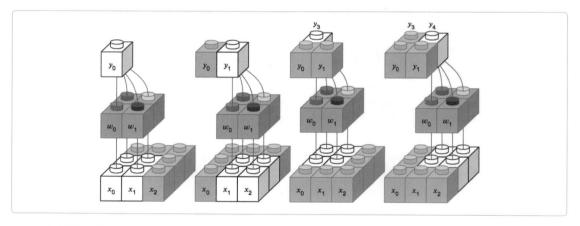

过滤器即为权重。使用一个过滤器对输入的图像做卷积，收集结果值后输出图像。有以下两个特征。

❏ 由于使用同一个过滤器做卷积，因此每次调用的权重都是相同的。这种情况称为参数共享，显著降低了需要训练的权重数量。由于连接的权重共享，因此位置变化对特征的输出没有影响。

❏ 将对输出产生影响的因素局限于区域内。也就是说，上图中，对 y_0 产生影响的输入仅限于 x_0、x_1、x_3、x_4。这对于区域特征抓取要求严格的图像识别问题极为适用。举例来说，识别鼻子时，只对鼻子周边部位进行训练和识别；识别眼睛时，只对眼睛周边部位进行训练和识别。

- **权重数量**

比较 Dense 层与卷积层，可以发现两者的差异。图像是由像素构成的集合，可使用输入神经元 9（3×3）个、输出神经元 4（2×2）个的 Dense 层表现。

```
Dense(4, input_dim=9))
```

如下图所示。

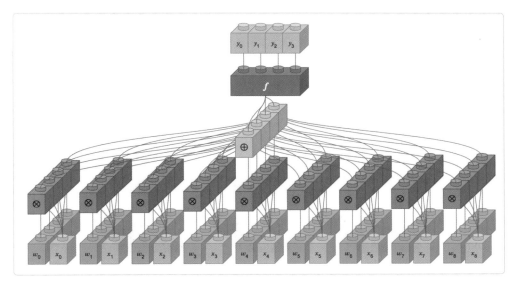

权重，即突触强度为绿色色块。卷积层中的神经元结构如下，其中调用的过滤器由 4（2×2）个权重组成。

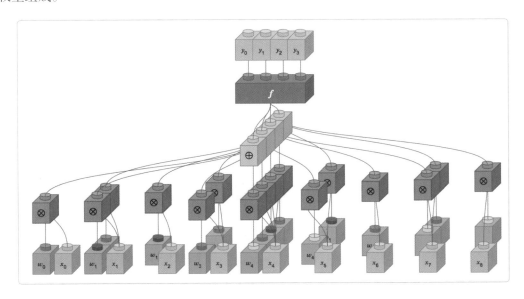

由于过滤器具有区域局限性，仅用于对输出神经元产生影响的输入神经元，因此相比 Dense 层，权重数量明显减少。此外，绿色色块上方显示的红色、蓝色、粉红色、黄色色块全部共享同一个权重（参数共享），因此最终被调用的权重只有 4 个。也就是说，Dense 层中调用了 36 个权重，而在卷积层中仅需调用 4 个权重即可。

- 补边方法

下面来了解一下补边方法。卷积层的参数中，padding 可定义为 valid 或 same，两者的差异如下图所示。

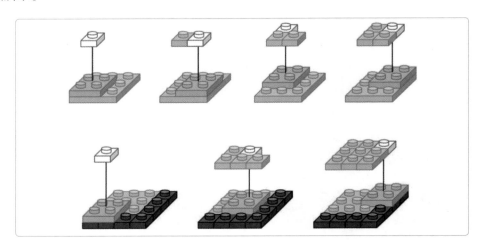

valid 只输出有效区域，因此输出的图像通常小于输入图像。而 same 为保持输入与输出图像的大小相同，将边界补齐 0 后输出。定义为 same 时，可以对输入图像的边界进行训练。在层数较多的模型中，valid 会不断将特征地图缩小，造成大量信息损失，因此，为维持输入图像的大小不变，通常定义为 same，使用过滤器进行覆盖。

- 过滤器数量

下面了解过滤器数量相关内容。输入图像为单信道 3×3，并调用一个 2×2 的过滤器，可以通过如下语句定义卷积层。

```
Conv2D(1, (2, 2), padding='same', input_shape=(3, 3, 1))
```

如下图所示。

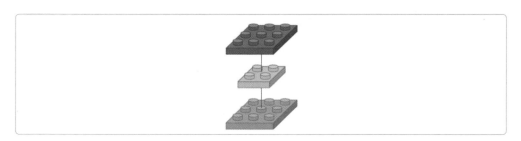

此时，如果将过滤器换为 3 个 2×2 的过滤器，代码变更如下。

```
Conv2D(3, (2, 2), padding='same', input_shape=(3, 3, 1))
```

如下图所示。

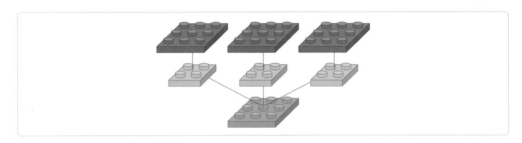

需要注意的是，由于过滤器变为了 3 个，输出图像的个数也随之增加为 3 个。总权重数量为 3×2×2=12 个。每个过滤器抓取固有特征输出图像，因此增加过滤器的输出值，可能输出单个图像或多个图像。如果大家对过滤器概念比较生疏，可以参考相机的滤镜。使用智能手机拍摄照片时，使用不同的滤镜会呈现出不同效果。

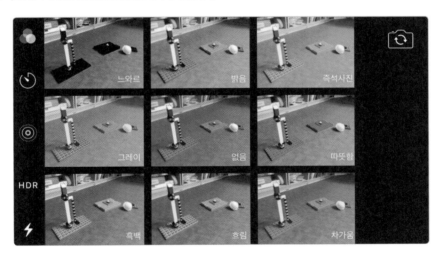

之后将每层像积木一样堆积起来，如下图所示。

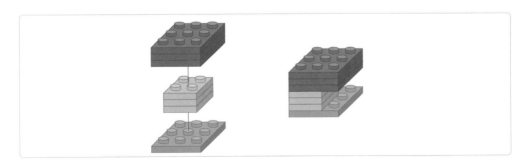

上页图中表示的信息如下：

❑ 输入图像大小为 3×3；

❑ 调用 3 个 2×2 内核大小的过滤器，共有 12 个权重；

❑ 输出图像大小为 3×3，共 3 个，也可以表述为具有 3 个信道。

下面介绍输入图像有多信道的情况。如果输入图像的信道有 3 个，大小为 3×3，并调用一个大小为 2×2 的过滤器，使用如下代码定义该卷积层。

```
Conv2D(1, (2, 2), padding='same', input_shape=(3, 3, 3))
```

如下图所示。

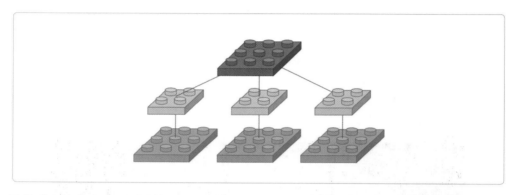

虽然看起来与 3 个过滤器的图示相似，但上图是卷积核在输入图像 3 个信道分别做卷积，再将 3 个信道结果加起来得到一个卷积输出，过滤器个数为 1。这与在 Dense 层中增加输入神经元，对应的突触就会增多，权重也随之增加的原理相似。即使权重有 $2 \times 2 \times 3=12$ 个，过滤器个数也仅为 1，如下图所示。

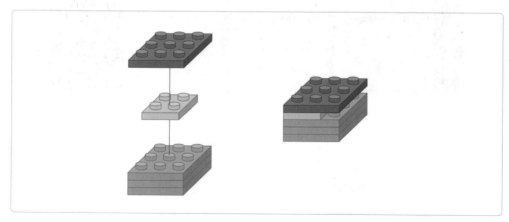

上图中表示的信息如下：

❑ 输入图像大小为 3×3，共 3 个信道；

❑ 具有一个内核大小为 2×2 的过滤器，卷积核在每个信道分别做卷积，共有 12 个权重；

❑ 输出图像大小为 3×3，信道个数为 1。

最后再看输入图像大小为 3×3，信道个数为 3，使用两个 2×2 内核过滤器的情况。

```
Conv2D(2, (2, 2), padding='same', input_shape=(3, 3, 3))
```

如下图所示。

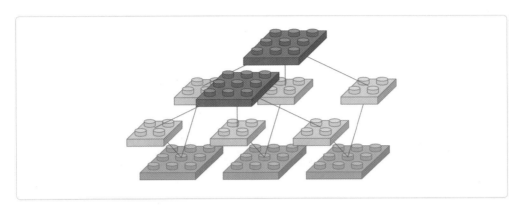

因为有两个过滤器，所以输出图像个数为 2，如下图所示。

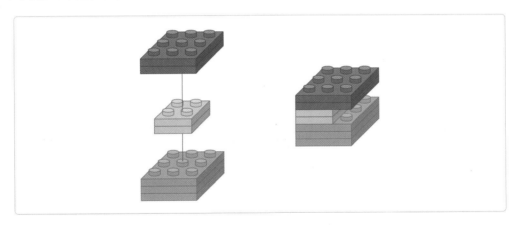

上图中表示的信息如下：

❑ 输入图像大小为 3×3，共 3 个信道；

❑ 调用两个 2×2 大小内核的过滤器，卷积核在每个信道分别做卷积，共有 $3 \times 2 \times 2 \times 2=24$ 个权重；

❑ 输出图像大小为 3×3，信道个数为 2。

3.3.2 忽略细微变化的最大池化层

从卷积层的输出图像中抓取主要参数，输出更小的图像。这可以忽略局部接受域细微变化的影响。

```
MaxPooling2D(pool_size=(2, 2))
```

主要参数如下。

❑ pool_size：定义垂直、水平的缩小比例。(2, 2) 表示输出图像的大小为输入图像的一半。

举例来说，输入图像大小为 4 × 4，池的大小定义为 (2, 2)，如下图所示。绿色色块表示输入图像，黄色色块是根据池的大小分离的边界。在对应的局部接受域中选择最大值，构成蓝色色块。最右侧的图片是用简图表示的最大池化层。

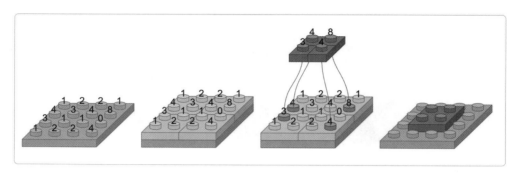

最大池化层不受视频的细微变化影响。假设视频中的主要特征有 3 个，下图中以第一张图片为识别标准，第二张图片中 3 个特征均向右略有偏移，第三张图片中 3 个特征的相对关系有所扭曲，第四张图片中 3 个特征相对位置距离增大，但最大池化后的结果相同。以面部识别为例，最大池化的作用在于，即使每个人的眼睛、鼻子、嘴的相对位置可能略有差异，但在人脸识别场景中，这种差异对识别结果并不产生太大的影响。

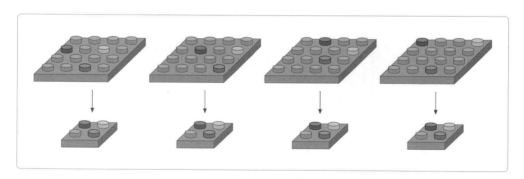

3.3.3 将视频一维化的 Flatten 层

在卷积神经网络模型中，反复通过卷积层或最大池化层提取主要特征后，会传送至全连接层进行训练。从卷积层和最大池化层提取的信息是二维的，但为将信息传送给全连接层，需要将信息一维化。此时就需要 Flatten 层"压平"，代码如下。

```
Flatten()
```

Flatten 层的输入信息可以直接自动调用之前层级的输出信息，并根据输入格式自动输出，所以通常不需要用户指定特殊参数。将大小为 3×3 的视频一维化，如下图所示。

3.3.4 尝试搭建模型

下面尝试使用前面介绍过的每个分层，搭建一个简易的卷积神经网络模型。首先定义一个简单的问题。假设有手画的三角形、四边形和圆形，大小均为 8×8。问题是将三角形、四边形、圆形分类，由于是三元分类的问题，输出向量应该为 3。请搭建此问题中模型所需的分层。

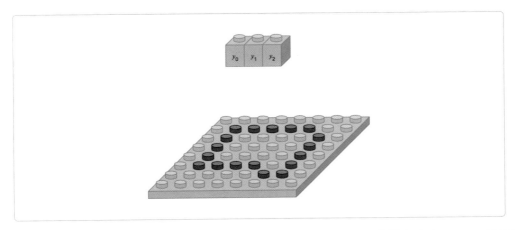

❑ **卷积层**：输入图像大小为 8×8，输入图像信道个数为 1，过滤器大小为 3×3，过滤器个数为 2，补边处理类型为 same，激活函数为 relu。

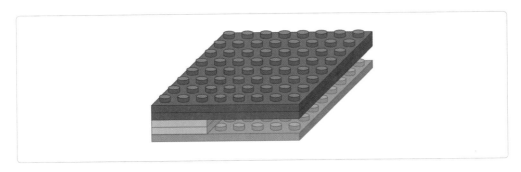

❑ 最大池化层：池的大小为 2×2。

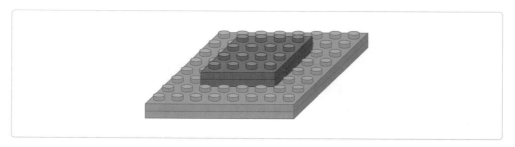

❑ 卷积层：输入图像大小为 4×4，输入图像信道个数为 2，过滤器大小为 2×2，过滤器个数为 3，补边处理类型为 same，激活函数为 relu。

❑ 最大池化层：池的大小为 2×2。

❑ Flatten 层

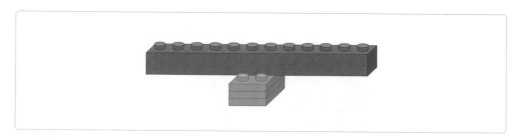

❏ Dense 层：输入神经元个数为 12，输出神经元个数为 8，激活函数为 relu。

❏ Dense 层：输入神经元个数为 8，输出神经元个数为 3，激活函数为 softmax。

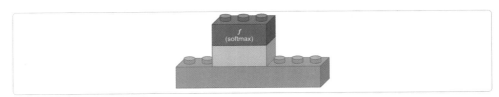

　　全部分层色块都准备完毕，下面将它们叠加在一起。只要输入/输出的大小正确，将色块叠加起来即可。在 Keras 中，除第一层外，其他层的输入格式会自动计算匹配，所以无须费神。将每层叠加起来，就完成了一个简易卷积神经网络模型的搭建。在模型中输入图像，就可以输出分别识别三角形、四边形、圆形的向量。

　　下面尝试编写对应的 Keras 代码。首先添加所需的包。Keras 的层在 keras.layers 中定义，在此处添加所需的层。

```
import numpy
from keras.models import Sequential
from keras.layers import Dense
from keras.layers import Flatten
from keras.layers.convolutional import Conv2D
```

```
from keras.layers.convolutional import MaxPooling2D
from keras.utils import np_utils
```

生成一个 Sequential 模型之后，逐一添加上面代码中定义的层，完成卷积神经网络模型的搭建。

```
model = Sequential()

model.add(Conv2D(2, (3, 3), padding='same', activation='relu', input_shape=(8, 8, 1)))
model.add(MaxPooling2D(pool_size=(2, 2)))
model.add(Conv2D(3, (2, 2), padding='same', activation='relu'))
model.add(MaxPooling2D(pool_size=(2, 2)))
model.add(Flatten())
model.add(Dense(8, activation='relu'))
model.add(Dense(3, activation='softmax'))
```

可调用 Keras 中提供的函数，将生成的模型可视化。

```
from IPython.display import SVG
from keras.utils.vis_utils import model_to_dot

%matplotlib inline

SVG(model_to_dot(model, show_shapes=True).create(prog='dot', format='svg'))
```

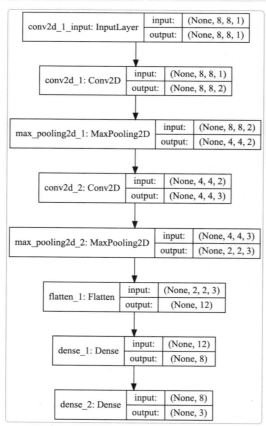

本节重点介绍卷积神经网络模型中的主要分层及其各自的原理和作用，并将其组合搭建了一个简单的卷积神经网络模型。

3.4 搭建卷积神经网络模型

本节我们来尝试搭建简单的卷积神经网络模型，顺序如下：
- 定义问题
- 准备数据
- 生成数据集
- 搭建模型
- 设置模型训练过程
- 训练模型
- 评价模型
- 使用模型

3.4.1 定义问题

虽然可以找到很多现有的示例及其相关的数据集，但对于刚接触深度学习的读者来说，直接定义问题并整理数据会有很大帮助。适用于卷积神经网络模型的问题是基于图像的分类问题。因此，我们选择直接手画三角形、四边形、圆形并保存，搭建一个区分这三种形状的模型。我们将问题类型和输入 / 输出定义如下。
- 问题类型：多类别分类
- 输入：手画三角形、四边形、圆形图像
- 输出：体现三角形、四边形、圆形概率的向量

首先，调用所需的包，为确保每次运行后的结果相同，明确指定随机种子。

```python
import numpy as np
from keras.models import Sequential
from keras.layers import Dense
from keras.layers import Flatten
from keras.layers.convolutional import Conv2D
from keras.layers.convolutional import MaxPooling2D
from keras.preprocessing.image import ImageDataGenerator

# 指定随机种子
np.random.seed(3)
```

3.4.2 准备数据

有多种方法可以生成手画三角形、四边形、圆形图像。可以使用平板电脑，也可以在纸上画好后拍照。我使用的是画图工具，图像大小为 24×24。

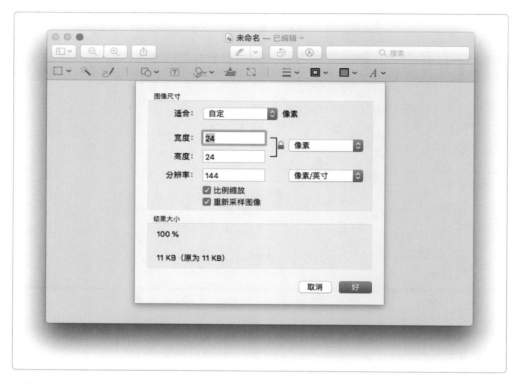

我绘制了 20 个不同形状的图形，其中 15 个用于训练，5 个用于测试。图像保存为 png 或 jpg 格式。如果按照教程或前面的示例代码准备数据集，那么首次运用于实际示例时难免会感觉生疏。而在简单的示例中尝试直接生成数据，则可以减少在实际问题中的操作失误。

数据文件夹结构如下：

❑ train
- circle
- rectangle
- triangle

❑ test
- circle
- rectangle
- triangle

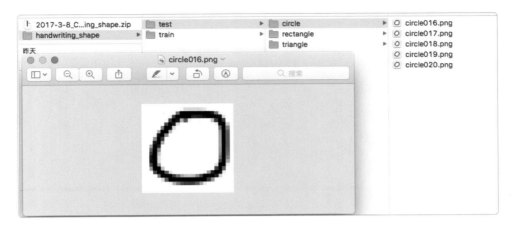

我建议大家亲自画图，不过也可以从随书资源下载素材。

3.4.3 生成数据集

Keras 提供便于训练图像文件的 ImageDataGenerator 类。ImageDataGenerator 类为数据增强（data augmentation）提供强大的功能，相关内容将在后面进行详细描述。本节将使用的功能是，生成用于训练的数据集，解决对图像进行分类并置于特定文件夹的问题。

首先使用 ImageDataGenerator 类生成对象后，调用 flow_from_directory 函数，生成生成器（generator）。flow_from_directory 函数的主要参数如下。

- ❏ 第一个参数：指定图像路径。
- ❏ target_size：指定权重图像大小。如果与文件夹中的原图像大小不同，将按 target_size 指定的大小自动调节。
- ❏ batch_size：指定 batch_size。
- ❏ class_mode：指定分类方式。
    - – categorical：返回 2D 的独热编码标签。
    - – binary：返回 1D 的二进制标签。
    - – sparse：返回 1D 的整数标签。
    - – None：不返回任何标签。

本示例中，权重图像大小为 24 × 24，因此 target_size 设置为 (24, 24)。训练数据每个类别分别有 15 个，因此 batch_size 指定为 3，共运行 5 次 batch，计为一个训练周期。另外，生成两个生成器，分别用于训练和验证。

```
train_datagen = ImageDataGenerator(rescale=1./255)

train_generator = train_datagen.flow_from_directory(
        'warehouse/handwriting_shape/train',
        target_size=(24, 24),
        batch_size=3,
        class_mode='categorical')
```

```
test_datagen = ImageDataGenerator(rescale=1./255)

test_generator = test_datagen.flow_from_directory(
        'warehouse/handwriting_shape/test',
        target_size=(24, 24),
        batch_size=3,
        class_mode='categorical')

Found 45 images belonging to 3 classes.
Found 15 images belonging to 3 classes.
```

3.4.4 搭建模型

下面尝试搭建一个在视频分类问题中具有高性能的卷积神经网络模型。该模型中用到的每个分层已经在前面的章节中进行了讲解，解决了模型搭建中的主要问题。

- ❏ **卷积层**：输入图像大小为 24×24，输入图像信道共 3 个，过滤器内核尺寸 3×3，过滤器数量 32 个，激活函数为 relu。
- ❏ **卷积层**：过滤器内核尺寸 3×3，过滤器数量 64 个，激活函数为 relu。
- ❏ **最大池化层**：池的大小为 2×2。
- ❏ **Flatten 层**
- ❏ **Dense 层**：输出神经元数量 128 个，激活函数为 relu。
- ❏ **Dense 层**：输出神经元数量 3 个，激活函数为 softmax。

```
model = Sequential()
model.add(Conv2D(32, kernel_size=(3, 3),
                 activation='relu',
                 input_shape=(24,24,3)))
model.add(Conv2D(64, (3, 3), activation='relu'))
model.add(MaxPooling2D(pool_size=(2, 2)))
model.add(Flatten())
model.add(Dense(128, activation='relu'))
model.add(Dense(3, activation='softmax'))
```

将搭建的模型可视化代码如下。

```
from IPython.display import SVG
from keras.utils.vis_utils import model_to_dot

%matplotlib inline

SVG(model_to_dot(model, show_shapes=True).create(prog='dot', format='svg'))
```

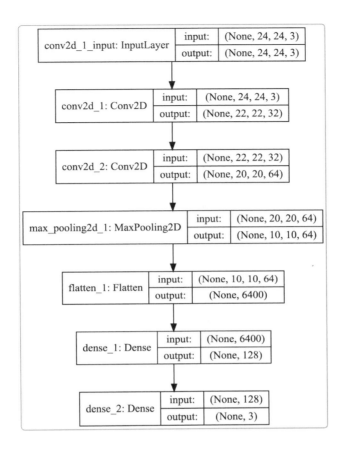

3.4.5　设置模型训练过程

定义好模型之后，下面设置模型的代价函数和优化算法。

❑ loss：用于评价当前权重设置的代价函数。多类别分类问题中指定为 categorical_crossentropy。

❑ optimizer：用于搜索最佳权重的优化算法。本示例中使用效率较高的梯度下降法中的 adam。

❑ metrics：评价指标。在分类问题中，通常指定为 accuracy。

```
model.compile(loss='categorical_crossentropy', optimizer='adam', metrics=['accuracy'])
```

3.4.6　训练模型

Keras 中，主要使用 fit 函数训练模型，但在使用生成器生成的 batch 进行训练时，通常调用 fit_generator 函数。本示例中，由于使用生成器生成的图像 batch 训练模型，因此将调用 fit_generator 函数。

❑ **第一个参数**：指定提供训练数据集的生成器。本示例中，指定为之前生成的 train_generator。

- ❏ steps_per_epoch：指定每个训练周期的阶段数量。共有 45 个训练样本，batch_size 为 3，因此指定为 15 个阶段。
- ❏ epochs：指定针对全部训练数据集的训练反复次数。我们将指定反复训练 100 次。
- ❏ validation_data：指定提供验证数据集的生成器。本示例中，指定为前面生成的 validation_ generator。
- ❏ validation_steps：指定在每次训练周期结束时的验证阶段数量。共有 15 个验证样本，batch_size 为 3，因此指定为 5 个阶段。

```
model.fit_generator(
        train_generator,
        steps_per_epoch=15,
        epochs=50,
        validation_data=test_generator,
        validation_steps=5)


Epoch 1/50
15/15 [==============================] - 0s - loss: 0.8595 - acc: 0.5778 - val_loss: 0.5781 -
val_acc: 1.0000
Epoch 2/50
15/15 [==============================] - 0s - loss: 0.1930 - acc: 0.9778 - val_loss: 0.1103 -
val_acc: 1.0000
Epoch 3/50
15/15 [==============================] - 0s - loss: 0.0187 - acc: 1.0000 - val_loss: 0.2022 -
val_acc: 0.9333
Epoch 4/50
15/15 [==============================] - 0s - loss: 0.0085 - acc: 1.0000 - val_loss: 0.0048 -
val_acc: 1.0000
...
Epoch 48/50
15/15 [==============================] - 0s - loss: 8.8877e-07 - acc: 1.0000 - val_loss: 7.7623e-04 -
val_acc: 1.0000
Epoch 49/50
15/15 [==============================] - 0s - loss: 7.3380e-07 - acc: 1.0000 - val_loss: 0.1564 -
val_acc: 0.8667
Epoch 50/50
15/15 [==============================] - 0s - loss: 8.2784e-07 - acc: 1.0000 - val_loss: 0.0676 -
val_acc: 1.0000
Out[8]:
<keras.callbacks.History at 0x1102a3110>
```

3.4.7 评价模型

下面对训练的模型进行评价。对生成器提供的样本进行评价时，调用 evaluate_generator 函数。

```
print("-- Evaluate --")
scores = model.evaluate_generator(test_generator, steps=5)
print("%s: %.2f%%" %(model.metrics_names[1], scores[1]*100))


-- Evaluate --
acc: 100.00%
```

虽然模型的数据集比较少，结构也简单，评价得出的准确率依然高达 100%。

3.4.8 使用模型

使用模型时，调用 predict_generator 函数以输入由生成器提供的样本。输出的预测结果为分类别的概率向量。输出生成器的 class_indices，即可得出对应列的类名。

```
print("-- Predict --")
output = model.predict_generator(test_generator, steps=5)
np.set_printoptions(formatter={'float': lambda x: "{0:0.3f}".format(x)})
print(test_generator.class_indices)
print(output)

-- Predict --
{'circle': 0, 'triangle': 2, 'rectangle': 1}
[[1.000 0.000 0.000]
 [0.315 0.363 0.322]
 [0.000 1.000 0.000]
 [0.000 0.006 0.994]
 [1.000 0.000 0.000]
 [0.000 1.000 0.000]
 [0.000 1.000 0.000]
 [1.000 0.000 0.000]
 [0.000 0.001 0.999]
 [1.000 0.000 0.000]
 [1.000 0.000 0.000]
 [1.000 0.000 0.000]
 [0.000 0.006 0.994]
 [0.315 0.363 0.322]
 [0.000 0.000 1.000]]
```

3.4.9 全部代码

```
# 0. 调用要使用的包
import numpy as np
from keras.models import Sequential
from keras.layers import Dense
from keras.layers import Flatten
from keras.layers.convolutional import Conv2D
from keras.layers.convolutional import MaxPooling2D
from keras.preprocessing.image import ImageDataGenerator

# 指定随机种子
np.random.seed(3)

# 1. 生成数据
train_datagen = ImageDataGenerator(rescale=1./255)

train_generator = train_datagen.flow_from_directory(
        'warehouse/handwriting_shape/train',
        target_size=(24, 24),
        batch_size=3,
        class_mode='categorical')
```

```
test_datagen = ImageDataGenerator(rescale=1./255)

test_generator = test_datagen.flow_from_directory(
        'warehouse/handwriting_shape/test',
        target_size=(24, 24),
        batch_size=3,
        class_mode='categorical')

# 2. 搭建模型
model = Sequential()
model.add(Conv2D(32, kernel_size=(3, 3),
                 activation='relu',
                 input_shape=(24,24,3)))
model.add(Conv2D(64, (3, 3), activation='relu'))
model.add(MaxPooling2D(pool_size=(2, 2)))
model.add(Flatten())
model.add(Dense(128, activation='relu'))
model.add(Dense(3, activation='softmax'))

# 3. 设置模型训练过程
model.compile(loss='categorical_crossentropy', optimizer='adam', metrics=['accuracy'])

# 4. 训练模型
model.fit_generator(
        train_generator,
        steps_per_epoch=15,
        epochs=50,
        validation_data=test_generator,
        validation_steps=5)

# 5. 评价模型
print("-- Evaluate --")
scores = model.evaluate_generator(test_generator, steps=5)
print("%s: %.2f%%" %(model.metrics_names[1], scores[1]*100))

# 6. 使用模型
print("-- Predict --")
output = model.predict_generator(test_generator, steps=5)
np.set_printoptions(formatter={'float': lambda x: "{0:0.3f}".format(x)})
print(test_generator.class_indices)
print(output)


Found 45 images belonging to 3 classes.
Found 15 images belonging to 3 classes.
Epoch 2/50
15/15 [==============================] - 0s - loss: 0.1930 - acc: 0.9778 - val_lossc: 0.1103 -
val_acc: 1.0000
Epoch 3/50
15/15 [==============================] - 0s - loss: 0.0187 - acc: 1.0000 - val_loss: 0.2022 -
val_acc: 0.9333
Epoch 4/50
15/15 [==============================] - 0s - loss: 0.0085 - acc: 1.0000 - val_loss: 0.0048 -
val_acc: 1.0000
...
Epoch 48/50
15/15 [==============================] - 0s - loss: 6.2121e-07 - acc: 1.0000 - val_loss: 0.0031 -
```

```
val_acc: 1.0000
Epoch 49/50
15/15 [==============================] - 0s - loss: 6.0002e-07 - acc: 1.0000 - val_loss: 0.0033 -
val_acc: 1.0000
Epoch 50/50
15/15 [==============================] - 0s - loss: 5.7883e-07 - acc: 1.0000 - val_loss: 0.0032 -
val_acc: 1.0000
-- Evaluate --
acc: 100.00%
-- Predict --
{'circle': 0, 'triangle': 2, 'rectangle': 1}
[[0.000 0.000 1.000]
 [0.000 1.000 0.000]
 [0.000 0.000 1.000]
 [0.000 1.000 0.000]
 [0.000 0.000 1.000]
 [1.000 0.000 0.000]
 [0.016 0.956 0.028]
 [0.000 1.000 0.000]
 [0.000 0.000 1.000]
 [0.998 0.000 0.002]
 [0.000 0.000 1.000]
 [0.016 0.956 0.028]
 [0.000 0.000 1.000]
 [0.000 1.000 0.000]
 [1.000 0.000 0.000]]
```

小结

　　本节运用在图像识别问题中效率较高的卷积神经网络模型，对亲自生成的数据集进行训练和评价。虽然模型的评价结果很好，但此模型仅对本人的手画模型具有较好的识别能力，而对其他人手画的形状分类预测效果不会很好。我们可以使用"数据增强"的方法解决这个问题。

　　将模型运用到实际场景之前，建议直接生成数据集，或将问题抽象为更简单直观的问题，进行原型开发（prototyping）。搭建识别痰涂片结核菌的模型时，初期不直接使用结核图片进行模型训练，而是假想 MNIST 的手写数字中，1 和 7 对应结核，其余数字不是结核，以此对模型进行训练。这种假想适用于识别结核杆菌（棒形形状）模型的原型开发，模型开发模型与使用实际数据集训练的模型输出结果没有太大差异。

3.5 | 卷积神经网络模型数据增强

　　本节将了解提高卷积神经网络模型性能的方法之一——数据增强。当训练集数量不足或不能充分反映测试集样本特征时，使用这种方法可以提高模型的性能。Keras 中提供数据增强函数，只需进行简单的参数设置即可完成数据增强。

□ 现实问题
□ 查看原有模型结果
□ 数据增强
□ 查看改善后的模型结果

3.5.1　现实问题

我们回到前面在卷积神经网络模型中使用过的圆形、四边形、三角形的数据集，其中包括训练集和测试集，图形如下所示。

- 训练集

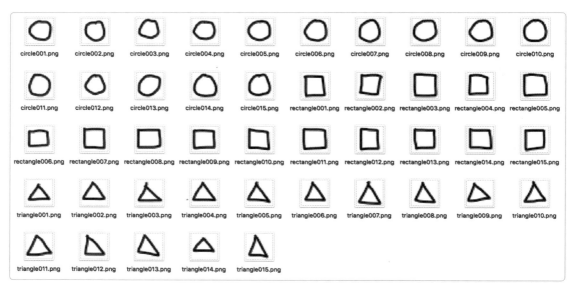

下图是测试集。训练集和测试集由于都是同一个人画的，因此很相似。这可能也是模型准确率能达到 100% 的原因之一。

- 测试集

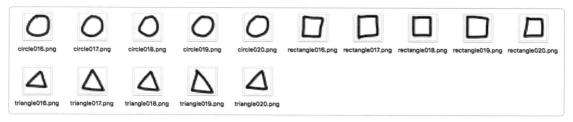

这个模型的准确率高达 100%，我向朋友炫耀时，朋友画出了如下图形挑战我的模型准确率。

- 挑战测试集

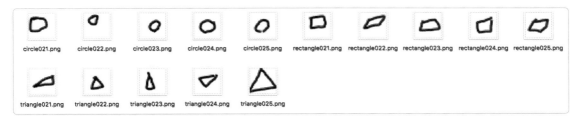

看到挑战集图形之后，我的自信瞬间消失，有了以下这些想法：

☐ 啊，原来这些图形也是圆形、四边形、三角形。

☐ 为什么没有在模型训练时考虑加入这些图形？

☐ 要不要把这些测试集图形的一部分交给模型进行训练？

☐ 即使是这么简单的问题，开发环境与现实环境的差异都会如此大，那么处理实际问题时的情况应该也不会更乐观吧？

于是，我得出一个结论：

不能由模型开发者生成测试集。

然而，无论在任何问题中，由于无法得知未来将会处理的数据，所以都有可能会遇到类似的问题。首先查看运用现有模型挑战测试集数据的结果，然后利用有限的训练集样本，考虑到最多的可能性，对数据进行增强处理。

3.5.2 查看原有模型结果

下面回顾一下之前搭建的卷积神经网络模型。

对我生成的测试集（warehouse/handwriting_shape/test）进行预测时，预测结果准确率是 100%。下面尝试对挑战测试集（warehouse/hard_handwriting_shape/test）进行预测，看看结果如何。

```python
# 0. 调用要使用的包
import numpy as np
from keras.models import Sequential
from keras.layers import Dense
from keras.layers import Flatten
from keras.layers.convolutional import Conv2D
from keras.layers.convolutional import MaxPooling2D
from keras.preprocessing.image import ImageDataGenerator

# 指定随机种子
np.random.seed(3)

# 1. 生成数据
train_datagen = ImageDataGenerator(rescale=1./255)

train_generator = train_datagen.flow_from_directory(
        'warehouse/hard_handwriting_shape/train',
        target_size=(24, 24),
```

```
        batch_size=3,
        class_mode='categorical')

test_datagen = ImageDataGenerator(rescale=1./255)

test_generator = test_datagen.flow_from_directory(
        'warehouse/hard_handwriting_shape/test',
        target_size=(24, 24),
        batch_size=3,
        class_mode='categorical')

# 2. 搭建模型
model = Sequential()
model.add(Conv2D(32, kernel_size=(3, 3),
                activation='relu',
                input_shape=(24,24,3)))
model.add(Conv2D(64, (3, 3), activation='relu'))
model.add(MaxPooling2D(pool_size=(2, 2)))
model.add(Flatten())
model.add(Dense(128, activation='relu'))
model.add(Dense(3, activation='softmax'))

# 3. 设置模型训练过程
model.compile(loss='categorical_crossentropy', optimizer='adam', metrics=['accuracy'])

# 4. 训练模型
model.fit_generator(
        train_generator,
        steps_per_epoch=15,
        epochs=50,
        validation_data=test_generator,
        validation_steps=5)

# 5. 评价模型
print("-- Evaluate --")
scores = model.evaluate_generator(test_generator, steps=5)
print("%s: %.2f%%" %(model.metrics_names[1], scores[1]*100))

# 6. 使用模型
print("-- Predict --")
output = model.predict_generator(test_generator, steps=5)
np.set_printoptions(formatter={'float': lambda x: "{0:0.3f}".format(x)})
print(test_generator.class_indices)
print(output)


Found 45 images belonging to 3 classes.
Found 15 images belonging to 3 classes.
Epoch 1/50
15/15 [==============================] - 0s - loss: 0.8350 - acc: 0.5778 - val_loss: 1.8721 -
val_acc: 0.3333
Epoch 2/50
15/15 [==============================] - 0s - loss: 0.1013 - acc: 1.0000 - val_loss: 4.3315 -
val_acc: 0.2667
Epoch 3/50
15/15 [==============================] - 0s - loss: 0.0054 - acc: 1.0000 - val_loss: 4.6139 -
val_acc: 0.4000
...
Epoch 48/50
```

```
15/15 [==============================] - 0s - loss: 9.8985e-06 - acc: 1.0000 - val_loss: 6.5501 -
val_acc: 0.3333
Epoch 49/50
15/15 [==============================] - 0s - loss: 9.4150e-06 - acc: 1.0000 - val_loss: 6.4482 -
val_acc: 0.4000
Epoch 50/50
15/15 [==============================] - 0s - loss: 9.0243e-06 - acc: 1.0000 - val_loss: 6.5722 -
val_acc: 0.4000
-- Evaluate --
acc: 33.33%
-- Predict --
{'circle': 0, 'triangle': 2, 'rectangle': 1}
[[0.000 0.000 1.000]
 [0.000 0.000 1.000]
 [0.000 0.000 1.000]
 [0.000 0.000 1.000]
 [0.000 0.005 0.995]
 [0.000 0.000 1.000]
 [0.000 0.000 1.000]
 [0.000 0.000 1.000]
 [0.191 0.053 0.756]
 [0.000 0.000 1.000]
 [0.000 0.000 1.000]
 [0.308 0.008 0.685]
 [0.000 0.000 1.000]
 [0.000 0.010 0.990]
 [0.000 0.000 1.000]]
```

训练集的准确率接近 100%，但测试集的准确率只有 33.3%。对于三元分类问题来说，33.3% 的准确率实际上是没有意义的。这个模型只能准确预测训练集的结果，属于过拟合状态。

3.5.3 数据增强

Keras 中提供的 ImageDataGenerator 函数可以用于数据增强。在 keras.io 包中，通过以下设置可以完成数据增强。

```
keras.preprocessing.image.ImageDataGenerator(featurewise_center=False,
samplewise_center=False,
featurewise_std_normalization=False,
samplewise_std_normalization=False,
zca_whitening=False,
rotation_range=0.,
width_shift_range=0.,
height_shift_range=0.,
shear_range=0.,
zoom_range=0.,
channel_shift_range=0.,
fill_mode='nearest',
cval=0.,
horizontal_flip=False,
vertical_flip=False,
rescale=None,
preprocessing_function=None,
data_format=K.image_data_format())
```

下面尝试以训练集中的一个三角形样本为示例，进行数据增强。三角形原图形如下所示。

下面看看通过 ImageDataGenerator 函数，介绍如何对这个三角形的各参数进行增强。

- rotation_range=90

在指定的角度范围内对原图像进行随机旋转处理。单位是角度，数据类型是整数。例如，参数指定为 90，即在 0°～90° 进行任意角度的旋转。

- width_shift_range=0.1

在指定的水平移动范围内对原图像进行随机移动处理。数值是原图像总宽度的比例（实数类型）。例如，参数指定为 0.1，原图像总宽是 100 的话，即在 10 像素以内的距离进行左右移动。

- height_shift_range=0.1

在指定的垂直移动范围内对原图像进行随机移动处理。数值是原图像总高度的比例（实数类型）。例如，参数指定为 0.1，原图像总高是 100 的话，即在 10 像素以内的距离进行上下移动。

- shear_range=0.5

在指定的剪切度范围内对图像进行变形处理。数值是指逆时针方向的进行剪切变换的弧度。

例如，参数指定为 0.5，即在 0.5 的弧度范围内以逆时针方向对图形进行剪切变换。

- zoom_range=0.3

在指定的缩放范围内对图像进行缩放处理。缩放的范围是"1– 数值"和"1+ 数值"之间。例如，参数指定为 0.3，即对图像进行 0.7~1.3 倍的缩放。

- horizontal_flip=True

进行随机水平翻转。

- vertical_flip=True

进行随机垂直翻转。

以下代码调用 ImageDataGenerator 函数，根据指定的变量对图像进行数据增强处理，之后将输出的结果保存到指定的文件夹。我们指定了很多参数值，运行的结果是混合多个参数值后的结果。也就是说，如果同时指定了缩放变量值以及左右移动变量值，生成的结果可能会同时缩小并向左移动。

```python
from keras.preprocessing.image import ImageDataGenerator, array_to_img, img_to_array, load_img
import numpy as np

# 指定随机种子
np.random.seed(5)

# 生成数据集
data_aug_gen = ImageDataGenerator(rescale=1./255,
                                  rotation_range=10,
                                  width_shift_range=0.2,
                                  height_shift_range=0.2,
                                  shear_range=0.7,
```

```
                         zoom_range=[0.9, 2.2],
                         horizontal_flip=True,
                         vertical_flip=True,
                         fill_mode='nearest')

img = load_img('warehouse/hard_handwriting_shape/train/triangle/triangle001.png')
x = img_to_array(img)
x = x.reshape((1,) + x.shape)

i = 0

# for 语句会无限循环，因此我们需要指定希望循环的次数，达到指定的循环次数后自动停止
for batch in train_datagen.flow(x, batch_size=1, save_to_dir='warehouse/preview', save_
prefix='tri', save_format='png'):
    i += 1

if i > 30:
    break
```

调用如上代码进行数据增强后的输出结果如下所示。其中包含了与朋友生成的挑战测试集相似的图形。

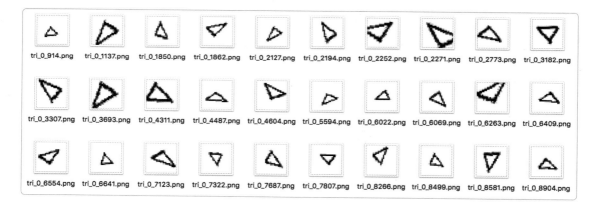

3.5.4 查看改善后的模型结果

为进行数据增强，我们需要在现有代码中添加如下代码。生成的结果以实际指定的参数为依据，因此需考虑到现实中可能存在的实际数据情况。

```
train_datagen = ImageDataGenerator(rescale=1./255,
                         rotation_range=10,
                         width_shift_range=0.2,
                         height_shift_range=0.2,
                         shear_range=0.7,
                         zoom_range=[0.9, 2.2],
                         horizontal_flip=True,
                         vertical_flip=True,
                         fill_mode='nearest')
```

完善后的全部代码如下所示。需要说明的是，测试集不需要进行数据增强，因此，生成 test_datagen 对象时不需要添加新的参数。另外，fit_generator 函数中的 steps_per_epoch 参数的值从原有的 15 个设置为更多数量（目前示例中是 1500 个）。batch_size × steps_per_epoch 应等于全部样本数量，未进行数据增强时，原有个数为 15，batch_size 为 3，因此共使用 45 个样本进行训练，但调用 ImageDataGenerator 函数进行数据增强后，原有的一个样本增强为多个样本，从而可以生成无限个数据样本。此处将数据量增加到 100 倍，设置为 1500 个。

```python
# 0. 调用要使用的包
import numpy as np
from keras.preprocessing.image import ImageDataGenerator
from keras.models import Sequential
from keras.layers import Dense
from keras.layers import Flatten
from keras.layers.convolutional import Conv2D
from keras.layers.convolutional import MaxPooling2D
from keras.layers import Dropout

# 指定随机种子
np.random.seed(3)

# 1. 生成数据集
train_datagen = ImageDataGenerator(rescale=1./255,
                                   rotation_range=10,
                                   width_shift_range=0.2,
                                   height_shift_range=0.2,
                                   shear_range=0.7,
                                   zoom_range=[0.9, 2.2],
                                   horizontal_flip=True,
                                   vertical_flip=True,
                                   fill_mode='nearest')

train_generator = train_datagen.flow_from_directory(
        'warehouse/hard_handwriting_shape/train',
        target_size=(24, 24),
        batch_size=3,
        class_mode='categorical')

test_datagen = ImageDataGenerator(rescale=1./255)

test_generator = test_datagen.flow_from_directory(
        'warehouse/hard_handwriting_shape/test',
        target_size=(24, 24),
        batch_size=3,
        class_mode='categorical')

# 2. 搭建模型
model = Sequential()
model.add(Conv2D(32, kernel_size=(3, 3),
                 activation='relu',
                 input_shape=(24,24,3)))
model.add(Conv2D(64, (3, 3), activation='relu'))
model.add(MaxPooling2D(pool_size=(2, 2)))
model.add(Flatten())
```

```
model.add(Dense(128, activation='relu'))
model.add(Dense(3, activation='softmax'))

# 3. 设置模型训练过程
model.compile(loss='categorical_crossentropy', optimizer='adam', metrics=['accuracy'])

# 4. 训练模型
model.fit_generator(
        train_generator,
        steps_per_epoch=15 * 100,
        epochs=200,
        validation_data=test_generator,
        validation_steps=5)

# 5. 评价模型
print("-- Evaluate --")
scores = model.evaluate_generator(test_generator, steps=5)
print("%s: %.2f%%" %(model.metrics_names[1], scores[1]*100))

# 6. 使用模型
print("-- Predict --")
output = model.predict_generator(test_generator, steps=5)
np.set_printoptions(formatter={'float': lambda x: "{0:0.3f}".format(x)})
print(test_generator.class_indices)
print(output)
```

```
Found 45 images belonging to 3 classes.
Found 15 images belonging to 3 classes.
Epoch 1/50
15/15 [==============================] - 0s - loss: 0.8350 - acc: 0.5778 - val_loss: 1.8721 -
val_acc: 0.3333
Epoch 2/50
15/15 [==============================] - 0s - loss: 0.1013 - acc: 1.0000 - val_loss: 4.3315 -
val_acc: 0.2667
Epoch 3/50
15/15 [==============================] - 0s - loss: 0.0054 - acc: 1.0000 - val_loss: 4.6139 -
val_acc: 0.4000
...
Epoch 198/200
1500/1500 [==============================] - 58s - loss: 0.0187 - acc: 0.9967 - val_loss: 3.2297 -
val_acc: 0.8000
Epoch 199/200
1500/1500 [==============================] - 59s - loss: 0.0193 - acc: 0.9964 - val_loss: 2.8833 -
val_acc: 0.8000
Epoch 200/200
1500/1500 [==============================] - 59s - loss: 0.0231 - acc: 0.9964 - val_loss: 1.4149 -
val_acc: 0.8667
-- Evaluate --
acc: 86.67%
-- Predict --
{'circle': 0, 'triangle': 2, 'rectangle': 1}
[[0.000 0.000 1.000]
 [0.000 0.000 1.000]
 [0.000 0.000 1.000]
 [1.000 0.000 0.000]
 [0.999 0.001 0.000]
```

```
[0.000 1.000 0.000]
[0.000 0.000 1.000]
[0.993 0.007 0.000]
[1.000 0.000 0.000]
[1.000 0.000 0.000]
[0.000 0.000 1.000]
[0.068 0.932 0.000]
[0.000 1.000 0.000]
[1.000 0.000 0.000]
[0.000 0.000 1.000]]
```

这次的预测准确率为 86.67%。虽然结果只能说差强人意，但相比于原有模型对挑战测试集不到 50% 的准确率，已经有了很大的提高。使用相同模型通过对数据进行增强处理，就能够实现对模型性能的优化。

> **小结**
>
> 本节讲解了在简单的圆形、三角形、四边形分类问题中，开发模型应用于现实时会发生的问题和难点。为了解决这些问题，我们学习了数据增强的方法，并了解了相关函数中的各参数如何影响生成的图像。对于训练集数据不充分以及测试集样本不能充分反映多种特征的模型，数据增强能够显著提高性能。

3.6 循环神经网络分层

循环神经网络模型能够在序列的演进方向对序列的非线性特征进行识别或推算。基于其序列性特征，可以使用简单层搭建多种形态的模型。Keras 中提供的循环神经网络层主要有 SimpleRNN、GRU、LSTM（Long Short-Term Memoery，长期短记忆），本节将介绍常用的 LSTM。

能够记忆长序列的 LSTM 层

LSTM 层的使用方法很简单，如下所示。

- 输入形态

```
LSTM(3, input_dim=1)
```

主要参数如下。
- □ 第一个参数：存储单元数量。
- □ input_dim：输入属性个数。

可以看出，与前面讲过的 Dense 层形态类似。第一个参数——存储单元数量决定了存储容量大小以及输出形态，与 Dense 层中的输出神经元个数类似；input_dim 与 Dense 层中的相同，通常定义为属性的个数。

```
Dense(3, input_dim=1)
```

下面着重介绍 LSTM 具有的另一个参数。

```
LSTM(3, input_dim=1, input_length=4)
```

❑ input_length：序列数据的输入长度。

将 Dense 与 LSTM 的结构以色块的方式表示如下图。左侧是 Dense，中间是有一个 input_length 的 LSTM，右侧是有 4 个 input_length 的 LSTM。LSTM 的内部结构很复杂，图中进行了简化，只演示了外部结构。与 Dense 层对比，可以看到 LSTM 中的隐藏神经元在外面。另外，右侧色块中，并没有由于 input_length 较长就使得每个输入单独使用权重，而是将中间色块按照输入长度连接起来，共享一个权重。

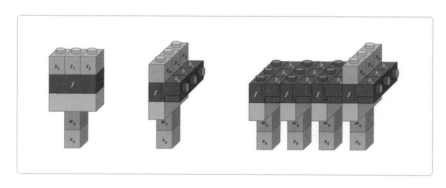

- 输出形态

❑ return_sequences：是否输出序列

根据 return_sequences 参数的不同，LSTM 层可在最后序列只输出一次，也可在每个序列都输出。处理 many to many 问题或有多个 LSTM 层叠加时，通常定义 return_sequence=True。详细内容会在后面介绍。下图中，左侧是 return_sequences=False，右侧是 return_sequence=True。

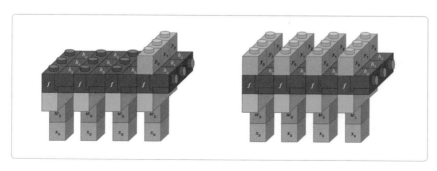

- **stateful 模式**
  - ❑ stateful：是否维持内部状态（记忆）

该参数指定训练样本的最终状态是否会被用作下一个样本训练时的初始状态。假设每个样本有 4 个序列输入，共 3 个样本，下图中上面演示的是 stateful=False，下面演示的是 stateful=True。可以看出，下面导出的当前状态被作为下一个样本训练时的初始状态输入。

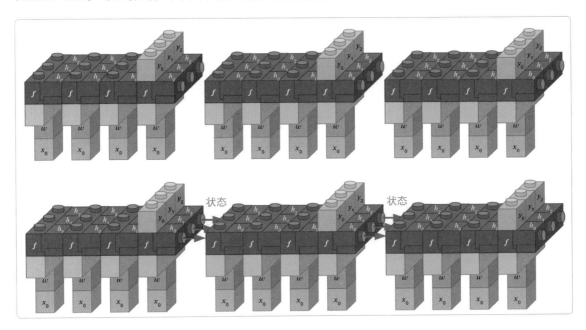

> **小结**
>
> 本节讲解了循环神经网层中的 LSTM 层。其使用方法与 Dense 层相似，但根据是否输出序列及 stateful 模式的设置，可构成多种形态的神经网络。

3.7 搭建循环神经网络模型

本节将运用前面学习的 LSTM 层，搭建几种循环神经网络模型，我们将通过儿歌《小蜜蜂》训练各个模型，并分别进行详细讲述。

3.7.1 准备序列数据

由于循环神经网络主要用于自然语言处理，所以通常会通过句子训练的示例进行演示。但本节将模型运用于乐谱学习，原因如下：

□ 音阶比句子更容易编码；

□ 是时间序列数据；

□ 输出结果可以乐谱形式查看；

□ 可以将模型训练的结果演奏成音乐。

首先准备简单的《小蜜蜂》乐谱。

音符下方标记了简单的音符代码。字母代表音名，数字代表音符时值。

□ c(do)、d(re)、e(mi)、f(fa)、g(sol)、a(la)、b(xi)

□ 4（4分音符）、8（8分音符）

3.7.2　生成数据集

先来看前两句：

□ g8 e8 e4

□ f8 d8 d4

根据我们定义的问题，通过4个输入音符预测下一个输出音符，需要搭建如下数据集。

□ g8 e8 e4 f8 d8：第1~4个音符，第5个音符

□ e8 e4 f8 d8 d4：第2~5个音符，第6个音符

6个音符按以上方式分为两个样本。每个样本包含4个输入数据和一个标签值。也就是说，第1~4列是属性（feature），第5列是类（class）。将每4个音符并接在一起，即区间大小为4。另外由字母和数字组成的音符（代码），由于不能进行输入/输出，所以需要预处理，将每个代码转换为数字。以下代码中，第一串将代码转换为数字，第二串将数字转换为代码。

```
code2idx = {'c4':0, 'd4':1, 'e4':2, 'f4':3, 'g4':4, 'a4':5, 'b4':6,
            'c8':7, 'd8':8, 'e8':9, 'f8':10, 'g8':11, 'a8':12, 'b8':13}

idx2code = {0:'c4', 1:'d4', 2:'e4', 3:'f4', 4:'g4', 5:'a4', 6:'b4',
            7:'c8', 8:'d8', 9:'e8', 10:'f8', 11:'g8', 12:'a8', 13:'b8'}
```

完成数据预处理后，将音符序列按照指定的区间大小进行分割，生成数据集。相关函数定义如下。

```
import numpy as np

def seq2dataset(seq, window_size):
    dataset = []
    for i in range(len(seq)-window_size):
        subset = seq[i:(i+window_size+1)]
        dataset.append([code2idx[item] for item in subset])
    return np.array(dataset)
```

将《小蜜蜂》全曲音符保存到 seq 变量，之后调用 seq2dataset 函数，按照前面定义的与处理规则转换后，生成数据集。

```
seq = ['g8', 'e8', 'e4', 'f8', 'd8', 'd4', 'c8', 'd8', 'e8', 'f8', 'g8', 'g8', 'g4',
       'g8', 'e8', 'e8', 'e8', 'f8', 'd8', 'd4', 'c8', 'e8', 'g8', 'g8', 'e8', 'e8', 'e4',
       'd8', 'd8', 'd8', 'd8', 'd8', 'e8', 'f4', 'e8', 'e8', 'e8', 'e8', 'e8', 'f8', 'g4',
       'g8', 'e8', 'e4', 'f8', 'd8', 'd4', 'c8', 'e8', 'g8', 'g8', 'e8', 'e8', 'e4']

dataset = seq2dataset(seq, window_size = 4)

print(dataset.shape)
print(dataset)

(50, 5)
[[11  9  2 10  8]
 [ 9  2 10  8  1]
 [ 2 10  8  1  7]
 [10  8  1  7  8]
 [ 8  1  7  8  9]
 ...
 ...
 ...
 [ 8  1  7  9 11]
 [ 1  7  9 11 11]
 [ 7  9 11 11  9]
 [ 9 11 11  9  9]
 [11 11  9  9  2]]
```

3.7.3 训练过程

儿歌《小蜜蜂》的旋律我们都耳熟能详，如果周围的人哼唱出第一句，我们都能自然而然地将后面的旋律全部接着唱出来。我们训练模型的目标就是，输入前 4 个音符，模型就能够演奏全曲。为解决我们定义的问题，首先要训练模型。训练方法如下：

□ 蓝色框是输入值，红色框是我们预期的输出值；
□ 将第 1~4 个音符作为数据，第 5 个音符作为标签值，对模型进行训练；
□ 之后将第 2~5 个音符作为数据，第 6 个音符作为标签值，对模型进行训练；
□ 以此类推，每次递进一个音符，直至训练完全曲。

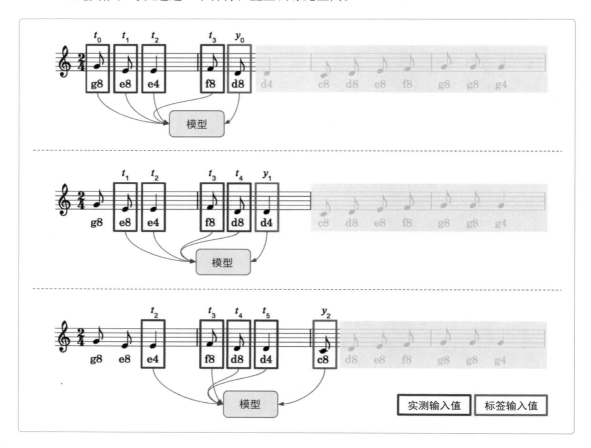

3.7.4 预测过程

下面讲解两种预测方法：一步预测及全曲预测。

● **一步预测**

所谓一步预测是指，输入 4 个原音符后预测下一个符标，并反复此过程。

这种方法中，模型的输入值通常是原音符。

□ 在模型中输入 t_0、t_1、t_2、t_3 后，输出 y_0。
□ 在模型中输入 t_1、t_2、t_3、t_4 后，输出 y_1。
□ 在模型中输入 t_2、t_3、t_4、t_5 后，输出 y_2。
□ 反复此过程，直到输出 y_{49}。

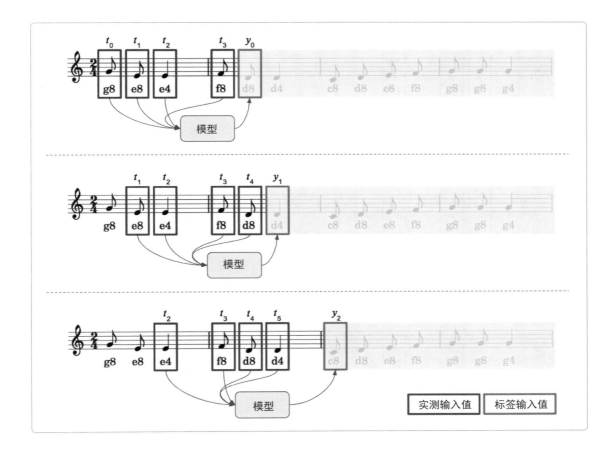

- **全曲预测**

全曲预测指，仅输入初始 4 个音符即可预测全曲。这种预测方式中，完成前面部分的预测后，将预测值作为输入值，用来输出下一个预测值。也就是提供歌曲中的前 4 个音符后，就可以直接演奏全曲。如果中间出现失误，那么后面的音程和节奏出现失误的可能性会很高。也就是说，预测误差会累积。

- 在模型中输入 t_0、t_1、t_2、t_3，输出 y_0。
- 假设预测值 y_0 是 t_4，在模型中输入 t_1、t_2、t_3、t_4 后，输出 y_1。
- 假设预测值 y_1 是 t_5，在模型中输入 t_2、t_3、t_4（预测值），t_5（预测值）后，输入 y_2。
- 反复此过程，直到输出 y_{49}。

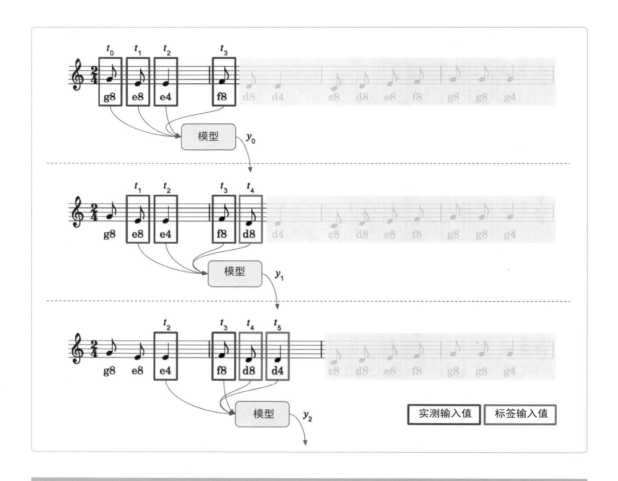

3.7.5 多层感知器神经网络模型

　　首先，我们使用前面生成的训练集，训练多层感知器神经网络模型。模型由 3 个 Dense 层构成，输入属性为 4 个，输出设置为 12 个（one_hot_vec_size=12）。

```
model = Sequential()
model.add(Dense(128, input_dim=4, activation='relu'))
model.add(Dense(128, activation='relu'))
model.add(Dense(one_hot_ver_size, activation='softmax'))
```

　　通过模型对《小蜜蜂》乐谱进行训练的过程如下图所示。将 4 个音符作为输入接收，并将下一个音符指定为标签值。此过程持续反复至全曲结束。

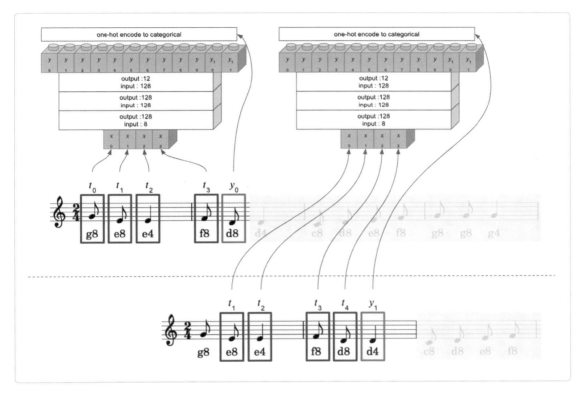

全部代码如下所示。

```python
# 0. 调用要使用的包
import keras
from keras.models import Sequential
from keras.layers import Dense
from keras.utils import np_utils
import numpy as np

# 指定随机种子
np.random.seed(5)

# 定义损失历史记录类
class LossHistory(keras.callbacks.Callback):
    def init(self):
        self.losses = []

    def on_epoch_end(self, batch, logs={}):
        self.losses.append(logs.get('loss'))

# 数据集生成函数
def seq2dataset(seq, window_size):
    dataset = []
    for i in range(len(seq)-window_size):
        subset = seq[i:(i+window_size+1)]
        dataset.append([code2idx[item] for item in subset])
```

```python
    return np.array(dataset)

# 1. 准备数据

# 编码预处理

code2idx = {'c4':0, 'd4':1, 'e4':2, 'f4':3, 'g4':4, 'a4':5, 'b4':6,
            'c8':7, 'd8':8, 'e8':9, 'f8':10, 'g8':11, 'a8':12, 'b8':13}

idx2code = {0:'c4', 1:'d4', 2:'e4', 3:'f4', 4:'g4', 5:'a4', 6:'b4',
            7:'c8', 8:'d8', 9:'e8', 10:'f8', 11:'g8', 12:'a8', 13:'b8'}

# 定义序列数据

seq = ['g8', 'e8', 'e4', 'f8', 'd8', 'd4', 'c8', 'd8', 'e8', 'f8', 'g8', 'g8', 'g4',
       'g8', 'e8', 'e8', 'e8', 'f8', 'd8', 'd4', 'c8', 'e8', 'g8', 'g8', 'e8', 'e8', 'e4',
       'd8', 'd8', 'd8', 'd8', 'd8', 'e8', 'f4', 'e8', 'e8', 'e8', 'e8', 'e8', 'f8', 'g4',
       'g8', 'e8', 'e4', 'f8', 'd8', 'd4', 'c8', 'e8', 'g8', 'g8', 'e8', 'e8', 'e4']

# 2. 生成数据集
dataset = seq2dataset(seq, window_size = 4)

print(dataset.shape)
print(dataset)

# 分离输入 (X) 与输出 (Y) 变量
x_train = dataset[:,0:4]
y_train = dataset[:,4]

max_idx_value = 13

# 输入值正则化
x_train = x_train / float(max_idx_value)

# 对标签值进行独热编码处理
y_train = np_utils.to_categorical(y_train)

one_hot_vec_size = y_train.shape[1]

print("one hot encoding vector size is ", one_hot_vec_size)

# 3. 搭建模型
model = Sequential()
model.add(Dense(128, input_dim=4, activation='relu'))
model.add(Dense(128, activation='relu'))
model.add(Dense(one_hot_vec_size, activation='softmax'))

# 4. 设置模型训练过程
model.compile(loss='categorical_crossentropy', optimizer='adam', metrics=['accuracy'])

history = LossHistory() # 生成损失历史记录对象
history.init()

# 5. 训练模型
model.fit(x_train, y_train, epochs=2000, batch_size=10, verbose=2, callbacks=[history])
```

```python
# 6. 查看训练过程
%matplotlib inline
import matplotlib.pyplot as plt

plt.plot(history.losses)
plt.ylabel('loss')
plt.xlabel('epoch')
plt.legend(['train'], loc='upper left')
plt.show()

# 7. 评价模型
scores = model.evaluate(x_train, y_train)
print("%s: %.2f%%" %(model.metrics_names[1], scores[1]*100))

# 8. 应用模型

pred_count = 50 # 定义最大预测个数

# 一步预测

seq_out = ['g8', 'e8', 'e4', 'f8']
pred_out = model.predict(x_train)

for i in range(pred_count):
    idx = np.argmax(pred_out[i]) # 将独热编码转换为索引值
    seq_out.append(idx2code[idx]) # 由于 seq_out 是最终输出乐谱,因此将索引值转换为代码并保存

print("one step prediction : ", seq_out)

# 全曲预测

seq_in = ['g8', 'e8', 'e4', 'f8']
seq_out = seq_in
seq_in = [code2idx[it] / float(max_idx_value) for it in seq_in] # 将代码转换为索引值

for i in range(pred_count):
    sample_in = np.array(seq_in)
    sample_in = np.reshape(sample_in, (1, 4)) # batch_size, feature
    pred_out = model.predict(sample_in)
    idx = np.argmax(pred_out)
    seq_out.append(idx2code[idx])
    seq_in.append(idx / float(max_idx_value))
    seq_in.pop(0)

print("full song prediction : ", seq_out)
```

```
(50, 5)
[[11  9  2 10  8]
 [ 9  2 10  8  1]
 [ 2 10  8  1  7]
 [10  8  1  7  8]
 [ 8  1  7  8  9]
 ...
 ...
 ...
 [ 8  1  7  9 11]
 [ 1  7  9 11 11]
 [ 7  9 11 11  9]
```

```
 [ 9 11 11  9  9]
 [11 11  9  9  2]]
('one hot encoding vector size is ', 12)
Epoch 1/2000
0s - loss: 2.4744 - acc: 0.1600
Epoch 2/2000
0s - loss: 2.3733 - acc: 0.3400
Epoch 3/2000
0s - loss: 2.2871 - acc: 0.3400
...
Epoch 1998/2000
0s - loss: 0.1885 - acc: 0.9200
Epoch 1999/2000
0s - loss: 0.1859 - acc: 0.9200
Epoch 2000/2000
0s - loss: 0.1727 - acc: 0.9200
32/50 [===================>..........] - ETA: 0sacc: 92.00%
('one step prediction : ', ['g8', 'e8', 'e4', 'f8', 'd8', 'd4', 'c8', 'e8', 'e8', 'f8', 'g8',
 'g8', 'g4', 'g8', 'e8', 'e8', 'f8', 'g4', 'd8', 'c8', 'e8', 'g8', 'g8', 'e8', 'e8',
 'e4', 'd8', 'd8', 'd8', 'd8', 'd8', 'd8', 'f4', 'e8', 'e8', 'e8', 'e8', 'f8', 'f8', 'g4',
 'g8', 'e8', 'e4', 'f8', 'd8', 'd4', 'c8', 'e8', 'g8', 'g8', 'e8', 'e8', 'e4'])
('full song prediction : ', ['g8', 'e8', 'e4', 'f8', 'd8', 'd4', 'c8', 'e8', 'g8', 'g8', 'e8', 'e8',
 'e4', 'd8', 'd8', 'd8', 'd8', 'd8', 'd8', 'd8', 'd8', 'd8', 'd8', 'd8', 'd8',
 'd8', 'd8', 'd8', 'd8', 'd8', 'd8', 'd8', 'd8', 'd8', 'd8', 'd8', 'd8', 'd8',
 'd8', 'd8', 'd8', 'd8', 'd8', 'd8', 'd8', 'd8', 'd8', 'd8'])
```

我们将一步预测与全曲预测的结果用乐谱的形式演示出来，其中失误的部分用红色边框
标示。一步预测结果中，50 个音符失误了 4 个，准确率为 92%；而全曲预测中，中间部分出
现误差后，对全曲的预测结果均产生影响，因此性能较差。

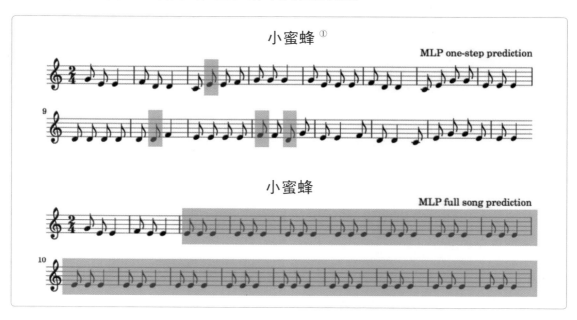

3.7.6　标准 LSTM 模型

这次我们首先通过简单的标准 LSTM 模型进行测试。模型构成如下：

❑ 模型由一个具有 128 个存储单元的 LSTM 层和 Dense 层构成；

❑ 输入样本量 50 个，时间步（timestep）4 个，属性一个；

❑ stateful 模式未激活。

在 Keras 中使用如下代码搭建 LSTM 模型。

```
model = Sequential()
model.add(LSTM(128, input_shape = (4, 1)))
model.add(Dense(one_hot_vec_size, activation='softmax'))
```

为灵活运用 LSTM，需要了解 stateful 模式、batch_size、时间步、属性等概念。在本节中，我将首先讲解时间步。时间步是指一个样本中包含的序列个数，与前面讲过的 input_lengh 相同。在当前的问题中，每个样本输入 4 个值，因此时间步可指定为 4 个。也就是说，时间步与窗口大小设置相同即可。关于属性的问题我在后面会详细讲解，现在大家只需了解，每输入一个音符会输入一个索引值，因此属性为 1。后面我们会修改属性个数进行测试。参数 inpurt_shape = (4,1) 与 input_dim = 1, input_length = 4 相同。根据指定的 LSTM 模型变量，输入数据集的样本数、时间步数、属性个数也要进行匹配。因此，前面的 x_train 格式更改如下。

```
x_train = np.reshape(x_train, (50, 4, 1)) # 样本数, 时间步数, 属性个数
```

此模型在学习乐谱时，与多层感知器神经网络模型相同，接收 4 个音符输入后，将音符指定为标签值。反复这个过程直到全曲结束。此模型与多层感知器神经网络模型的差异在于，在多层感知器神经网络模型中，4 个音符对应输入 4 个属性；而 LSTM 中，4 个音符对应输入 4 个序列。此处的属性个数是 1。

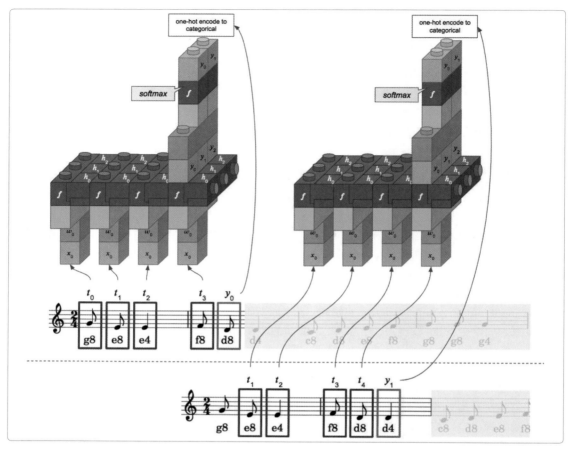

全部代码如下。

```
# 0. 调用要使用的包
import keras
import numpy as np
from keras.models import Sequential
from keras.layers import Dense
from keras.layers import LSTM
from keras.utils import np_utils

# 指定随机种子
np.random.seed(5)

# 定义损失历史记录类
class LossHistory(keras.callbacks.Callback):
    def init(self):
        self.losses = []

    def on_epoch_end(self, batch, logs={}):
        self.losses.append(logs.get('loss'))
```

```
# 数据集生成函数
def seq2dataset(seq, window_size):
    dataset = []
    for i in range(len(seq)-window_size):
        subset = seq[i:(i+window_size+1)]
        dataset.append([code2idx[item] for item in subset])
    return np.array(dataset)

# 1. 准备数据

# 编码预处理

code2idx = {'c4':0, 'd4':1, 'e4':2, 'f4':3, 'g4':4, 'a4':5, 'b4':6,
            'c8':7, 'd8':8, 'e8':9, 'f8':10, 'g8':11, 'a8':12, 'b8':13}

idx2code = {0:'c4', 1:'d4', 2:'e4', 3:'f4', 4:'g4', 5:'a4', 6:'b4',
            7:'c8', 8:'d8', 9:'e8', 10:'f8', 11:'g8', 12:'a8', 13:'b8'}

# 定义序列数据

seq = ['g8', 'e8', 'e4', 'f8', 'd8', 'd4', 'c8', 'd8', 'e8', 'f8', 'g8', 'g8', 'g4',
       'g8', 'e8', 'e8', 'e8', 'f8', 'd8', 'd4', 'c8', 'e8', 'g8', 'g8', 'e8', 'e8', 'e4',
       'd8', 'd8', 'd8', 'd8', 'd8', 'e8', 'f4', 'e8', 'e8', 'e8', 'e8', 'e8', 'f8', 'g4',
       'g8', 'e8', 'e4', 'f8', 'd8', 'd4', 'c8', 'e8', 'g8', 'g8', 'e8', 'e8', 'e4']

# 2. 生成数据集

dataset = seq2dataset(seq, window_size = 4)

print(dataset.shape)

# 分离输入（X）与输出（Y）变量
x_train = dataset[:,0:4]
y_train = dataset[:,4]

max_idx_value = 13

# 输入值正则化
x_train = x_train / float(max_idx_value)

# 将输入转化为（样本数，时间步数，属性个数）形态
x_train = np.reshape(x_train, (50, 4, 1))

# 对标签值进行独热编码处理
y_train = np_utils.to_categorical(y_train)

one_hot_vec_size = y_train.shape[1]

print("one hot encoding vector size is ", one_hot_vec_size)

# 3. 搭建模型
model = Sequential()
model.add(LSTM(128, input_shape = (4, 1)))
model.add(Dense(one_hot_vec_size, activation='softmax'))
```

```python
# 4. 设置模型训练过程
model.compile(loss='categorical_crossentropy', optimizer='adam', metrics=['accuracy'])

history = LossHistory() # 生成损失历史记录对象
history.init()

# 5. 训练模型
model.fit(x_train, y_train, epochs=2000, batch_size=14, verbose=2, callbacks=[history])

# 6. 查看学习过程
%matplotlib inline
import matplotlib.pyplot as plt

plt.plot(history.losses)
plt.ylabel('loss')
plt.xlabel('epoch')
plt.legend(['train'], loc='upper left')
plt.show()

# 7. 评价模型
scores = model.evaluate(x_train, y_train)
print("%s: %.2f%%" %(model.metrics_names[1], scores[1]*100))

# 8. 使用模型

pred_count = 50 # 定义最大预测个数

# 一步预测

seq_out = ['g8', 'e8', 'e4', 'f8']
pred_out = model.predict(x_train)

for i in range(pred_count):
    idx = np.argmax(pred_out[i]) # 将独热编码转换为索引值
    seq_out.append(idx2code[idx]) # 由于 seq_out 是最终输出乐谱, 因此将索引值转换为代码并保存

print("one step prediction : ", seq_out)

# 全曲预测

seq_in = ['g8', 'e8', 'e4', 'f8']
seq_out = seq_in
seq_in = [code2idx[it] / float(max_idx_value) for it in seq_in] # 将代码转换为索引值

for i in range(pred_count):
    sample_in = np.array(seq_in)
    sample_in = np.reshape(sample_in, (1, 4, 1)) # 样本数, 时间步数, 属性数量
    pred_out = model.predict(sample_in)
    idx = np.argmax(pred_out)
    seq_out.append(idx2code[idx])
    seq_in.append(idx / float(max_idx_value))
    seq_in.pop(0)

print("full song prediction : ", seq_out)
```

```
(50, 5)
('one hot encoding vector size is ', 12)
Epoch 1/2000
0s – loss: 2.4744 – acc: 0.1600
Epoch 2/2000
0s – loss: 2.3733 – acc: 0.3400
Epoch 3/2000
0s – loss: 2.2871 – acc: 0.3400
...
Epoch 1998/2000
0s – loss: 0.2946 – acc: 0.8800
Epoch 1999/2000
0s – loss: 0.3039 – acc: 0.8800
Epoch 2000/2000
0s – loss: 0.2982 – acc: 0.8800
32/50 [===============>..........] – ETA: 0sacc: 92.00%
('one step prediction : ', ['g8', 'e8', 'e4', 'f8', 'd8', 'd4', 'c8', 'e8', 'e8', 'f8', 'g8',
 'g8', 'g4', 'g8', 'e8', 'e8', 'f8', 'g4', 'd4', 'c8', 'e8', 'g8', 'g8', 'e8', 'e8',
 'e4', 'd8', 'd8', 'd8', 'd8', 'd8', 'f8', 'f4', 'e8', 'e8', 'e8', 'e8', 'f8', 'f8', 'g4',
 'g8', 'e8', 'e4', 'f8', 'd8', 'd4', 'c8', 'e8', 'g8', 'g8', 'e8', 'e8', 'e4'])
('full song prediction : ', ['g8', 'e8', 'e4', 'f8', 'd8', 'd4', 'c8', 'e8', 'g8', 'g8', 'e8',
 'e8', 'e4', 'd8', 'd8', 'd8', 'd8', 'd8', 'd8', 'd8', 'd8', 'd8', 'd8', 'd8', 'd8', 'd8',
 'd8', 'd8', 'd8', 'd8', 'd8', 'd8', 'd8', 'd8', 'd8', 'd8', 'd8', 'd8', 'd8', 'd8',
 'd8', 'd8', 'd8', 'd8', 'd8', 'd8', 'd8', 'd8', 'd8', 'd8', 'd8', 'd8'])
```

　　我们将一步预测与全曲预测的结果以乐谱的形式演示出来，其中错误的部分用红框标记。一步预测结果中，50 个音符失误 4 个，准确率为 92%；全曲预测结果中，中间部分发生失误后，对全部预测结果产生影响，整体结果并不理想。

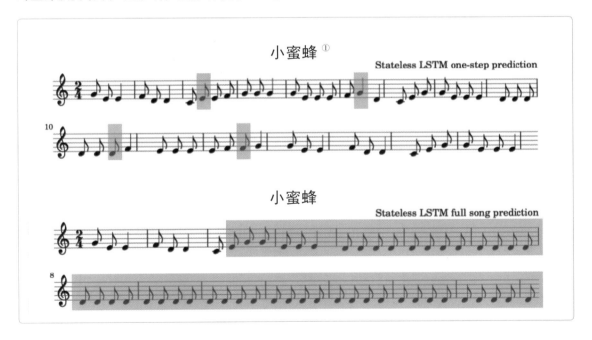

① 可从图灵社区本页主页下载歌曲的 mp3 文件。——编者注

3.7.7　Stateful LSTM 模型

本节将了解 Stateful LSTM 模型的相关内容。此处所说的 stateful 是指，当前的训练状态是下一次训练的初始状态。

在 stateful 模式中，当前样本的训练状态会成为下一次样本训练的初始状态。

处理长序列数据时，Stateful LSTM 模型可以发挥其优势。因为将长序列数据按样本单位进行分割训练时，由于状态的记忆功能，LSTM 内部可以记忆有效的训练状态，同时丢弃无效记忆。为生成 Stateful LSTM 模型，在生成 LSTM 层时，需要指定 stateful=True。另外，在 Stateful LSTM 模型中，输入状态格式需要指定为 batch_input_shape = (batch_size, 时间步 , 属性)。Stateful LSTM 模型中 batch_size 的概念略为复杂，后面再详细讲解。

```
model = Sequential()
model.add(LSTM(128, batch_input_shape = (1, 4, 1), stateful=True))
model.add(Dense(one_hot_vec_size, activation='softmax'))
```

Stateful LSTM 模型在训练时，需要考虑状态初始化。在一些情况下，不能将当前样本的训练状态作为下一个样本训练时的初始状态，就需要进行初始化设置。在状态传递过程中，如果当前样本与下一样本之间不存在顺序关系，就不能维持状态，所以必须进行初始化设置。比如以下情况：

- ❏ 完成最后一次样本训练后，模型系统运行新一轮训练周期，对新样本进行训练时，需要将状态初始化；
- ❏ 同一个训练周期内部存在多个序列数据时，在对新的序列数据集进行训练之前，需要对状态进行初始化。

我们目前的问题中，使用同一首歌曲进行反复训练，因此只需在开始新一轮训练周期时，对状态进行初始化。

```
num_epochs = 2000

for epoch_idx in range(num_epochs):
    print ('epochs : ' + str(epoch_idx) )
    model.fit(x_train, y_train, epochs=1, batch_size=1, verbose=2, shuffle=False) # 50 is
X.shape[0]
    model.reset_states()
```

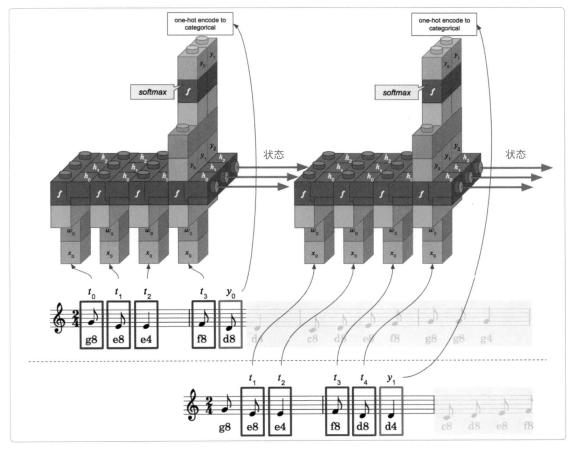

全部代码如下。

```
# 0. 调用要使用的包
import keras
import numpy as np
from keras.models import Sequential
from keras.layers import Dense, LSTM
from keras.utils import np_utils

# 指定随机种子
np.random.seed(5)

# 定义损失历史记录类
class LossHistory(keras.callbacks.Callback):
    def init(self):
        self.losses = []

    def on_epoch_end(self, batch, logs={}):
        self.losses.append(logs.get('loss'))
```

```python
# 数据集生成函数
def seq2dataset(seq, window_size):
    dataset = []
    for i in range(len(seq)-window_size):
        subset = seq[i:(i+window_size+1)]
        dataset.append([code2idx[item] for item in subset])
    return np.array(dataset)

# 1. 准备数据

# 编码预处理
code2idx = {'c4':0, 'd4':1, 'e4':2, 'f4':3, 'g4':4, 'a4':5, 'b4':6,
            'c8':7, 'd8':8, 'e8':9, 'f8':10, 'g8':11, 'a8':12, 'b8':13}

idx2code = {0:'c4', 1:'d4', 2:'e4', 3:'f4', 4:'g4', 5:'a4', 6:'b4',
            7:'c8', 8:'d8', 9:'e8', 10:'f8', 11:'g8', 12:'a8', 13:'b8'}

# 定义序列数据

seq = ['g8', 'e8', 'e4', 'f8', 'd8', 'd4', 'c8', 'd8', 'e8', 'f8', 'g8', 'g8', 'g4',
       'g8', 'e8', 'e8', 'e8', 'f8', 'd8', 'd4', 'c8', 'e8', 'g8', 'g8', 'e8', 'e8', 'e4',
       'd8', 'd8', 'd8', 'd8', 'd8', 'e8', 'f4', 'e8', 'e8', 'e8', 'e8', 'e8', 'f8', 'g4',
       'g8', 'e8', 'e4', 'f8', 'd8', 'd4', 'c8', 'e8', 'g8', 'g8', 'e8', 'e8', 'e4']

# 2. 生成数据集

dataset = seq2dataset(seq, window_size = 4)

print(dataset.shape)

# 分离输入（X）与输出（Y）变量
x_train = dataset[:,0:4]
y_train = dataset[:,4]

max_idx_value = 13

# 输入值正则化
x_train = x_train / float(max_idx_value)

# 将输入转化为（样本数，时间步数，属性个数）形态
x_train = np.reshape(x_train, (50, 4, 1))

# 对标签值进行独热编码处理
y_train = np_utils.to_categorical(y_train)

one_hot_vec_size = y_train.shape[1]

print("one hot encoding vector size is ", one_hot_vec_size)

# 3. 搭建模型
model = Sequential()
model.add(LSTM(128, batch_input_shape = (1, 4, 1), stateful=True))
model.add(Dense(one_hot_vec_size, activation='softmax'))
```

```
# 4. 设置模型训练过程
model.compile(loss='categorical_crossentropy', optimizer='adam', metrics=['accuracy'])

# 5. 训练模型
num_epochs = 2000

history = LossHistory() # 生成损失历史记录对象

history.init()

for epoch_idx in range(num_epochs):
    print ('epochs : ' + str(epoch_idx) )
    model.fit(x_train, y_train, epochs=1, batch_size=1, verbose=2, shuffle=False,
callbacks=[history]) # 50 is X.shape[0]
    model.reset_states()

# 6. 查看学习过程
%matplotlib inline
import matplotlib.pyplot as plt

plt.plot(history.losses)
plt.ylabel('loss')
plt.xlabel('epoch')
plt.legend(['train'], loc='upper left')
plt.show()

# 7. 评价模型
scores = model.evaluate(x_train, y_train, batch_size=1)
print("%s: %.2f%%" %(model.metrics_names[1], scores[1]*100))
model.reset_states()

# 8. 使用模型

pred_count = 50 # 定义最大预测个数

# 一步预测

seq_out = ['g8', 'e8', 'e4', 'f8']
pred_out = model.predict(x_train, batch_size=1)

for i in range(pred_count):
    idx = np.argmax(pred_out[i]) # 将独热编码转换为索引值
    seq_out.append(idx2code[idx]) # 由于 seq_out 是最终输出乐谱, 因此将索引值转换为代码并保存

model.reset_states()

print("one step prediction : ", seq_out)

# 全曲预测
```

```
seq_in = ['g8', 'e8', 'e4', 'f8']
seq_out = seq_in
seq_in = [code2idx[it] / float(max_idx_value) for it in seq_in] # 将代码转换为索引值

for i in range(pred_count):
    sample_in = np.array(seq_in)
    sample_in = np.reshape(sample_in, (1, 4, 1)) # 样本数，时间步数，属性数量
    pred_out = model.predict(sample_in)
    idx = np.argmax(pred_out)
    seq_out.append(idx2code[idx])
    seq_in.append(idx / float(max_idx_value))
    seq_in.pop(0)

model.reset_states()

print("full song prediction : ", seq_out)
```

```
(50, 5)
('one hot encoding vector size is ', 12)
epochs : 0
Epoch 1/1
1s - loss: 2.3485 - acc: 0.1400
epochs : 1
Epoch 1/1
0s - loss: 2.0415 - acc: 0.3400
epochs : 2
Epoch 1/1
0s - loss: 1.9635 - acc: 0.3400
...
epochs : 1997
Epoch 1/1
0s - loss: 4.7890e-04 - acc: 1.0000
epochs : 1998
Epoch 1/1
0s - loss: 4.6464e-04 - acc: 1.0000
epochs : 1999
Epoch 1/1
0s - loss: 4.4886e-04 - acc: 1.0000
30/50 [===============>...........] - ETA: 0sacc: 100.00%
('one step prediction : ', ['g8', 'e8', 'e4', 'f8', 'd8', 'd4', 'c8', 'd8', 'e8', 'f8', 'g8',
'g8', 'g4', 'g8', 'e8', 'e8', 'e8', 'f8', 'd8', 'd4', 'c8', 'e8', 'g8', 'g8', 'e8', 'e8',
'e4', 'd8', 'd8', 'd8', 'd8', 'd8', 'e8', 'f4', 'e8', 'e8', 'e8', 'e8', 'e8', 'f8', 'g4',
'g8', 'e8', 'e4', 'f8', 'd8', 'd4', 'c8', 'e8', 'g8', 'g8', 'e8', 'e8', 'e4'])
('full song prediction : ', ['g8', 'e8', 'e4', 'f8', 'd8', 'd4', 'c8', 'd8', 'e8', 'f8', 'g8',
'g8', 'g4', 'g8', 'e8', 'e8', 'e8', 'f8', 'd8', 'd4', 'c8', 'e8', 'g8', 'g8', 'e8', 'e8',
'e4', 'd8', 'd8', 'd8', 'd8', 'd8', 'e8', 'f4', 'e8', 'e8', 'e8', 'e8', 'e8', 'f8', 'g4',
'g8', 'e8', 'e4', 'f8', 'd8', 'd4', 'c8', 'e8', 'g8', 'g8', 'e8', 'e8', 'e4'])
```

　　我们将一步预测与全曲预测的结果以乐谱的形式演示出来。Stateful LSTM 的预测结果全部正确，全曲预测结果也完全准确。

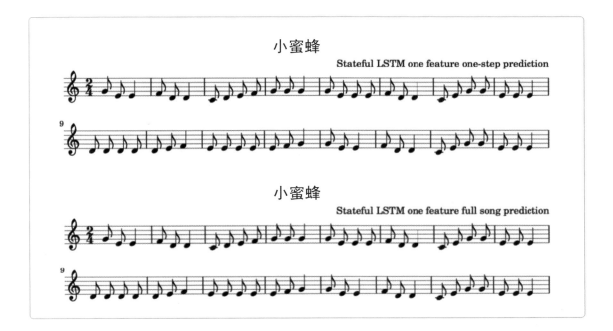

3.7.8 多种输入属性的模型结构

本节讲解具有多种输入属性的情况。举例来说，我们在预测"气温"相关的问题时，输入值中除"气温"外，可能还会包括"湿度""气压""风向""风速"等多种属性。在 Stateful LSTM 模型中，输入格式设置为 batch_input_shape = (batch_size, 时间步 , 属性)，我们可以通过最后一个参数指定属性的个数。在前面的《小蜜蜂》示例中，输入值格式为"c4, e4, g8"。现在我们将音程和音符时值分解为两个属性输入，即将 c4 分解为 (c, 4) 输入。为此，需要如下修改数据集生成函数。

```
def code2features(code):
    features = []
    features.append(code2scale[code[0]]/float(max_scale_value))
    features.append(code2length[code[1]])
    return features
```

生成 LSTM 模型时，将 batch_input_shape 中的最后一个参数由 1 修改为 2。

```
model = Sequential()
model.add(LSTM(128, batch_input_shape = (1, 4, 2), stateful=True))
model.add(Dense(one_hot_vec_size, activation='softmax'))
```

由下图可知，输入属性分为两个。这种方式下，模型不是对 c8 或 d4 之类的整体代码进行学习，而是分别学习音程和音符时值，从中可以看出不同学习方式的效果。人类在识谱时，也是将音符分解为两部分识别的，因此，可以说这种学习方式更接近于人类的认知方式。

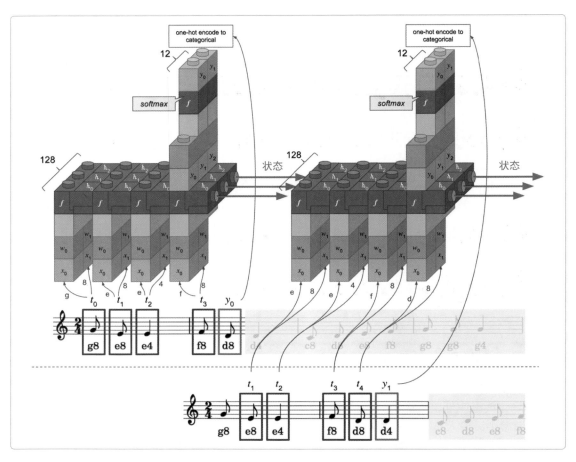

全部代码如下。

```
# 0. 调用要使用的包
import keras
import numpy as np
from keras.models import Sequential
from keras.layers import Dense, LSTM
from keras.utils import np_utils

# 指定定随机种子
np.random.seed(5)

# 定义损失历史记录类
class LossHistory(keras.callbacks.Callback):
    def init(self):
        self.losses = []

    def on_epoch_end(self, batch, logs={}):
        self.losses.append(logs.get('loss'))
```

```
# 数据集生成函数
def seq2dataset(seq, window_size):
    dataset_X = []
    dataset_Y = []

    for i in range(len(seq)-window_size):

        subset = seq[i:(i+window_size+1)]

        for si in range(len(subset)-1):
            features = code2features(subset[si])
            dataset_X.append(features)

        dataset_Y.append([code2idx[subset[window_size]]])

    return np.array(dataset_X), np.array(dataset_Y)

# 属性转换函数
def code2features(code):
    features = []
    features.append(code2scale[code[0]]/float(max_scale_value))
    features.append(code2length[code[1]])
    return features

# 1. 准备数据

# 编码预处理

code2scale = {'c':0, 'd':1, 'e':2, 'f':3, 'g':4, 'a':5, 'b':6}
code2length = {'4':0, '8':1}

code2idx = {'c4':0, 'd4':1, 'e4':2, 'f4':3, 'g4':4, 'a4':5, 'b4':6,
            'c8':7, 'd8':8, 'e8':9, 'f8':10, 'g8':11, 'a8':12, 'b8':13}

idx2code = {0:'c4', 1:'d4', 2:'e4', 3:'f4', 4:'g4', 5:'a4', 6:'b4',
            7:'c8', 8:'d8', 9:'e8', 10:'f8', 11:'g8', 12:'a8', 13:'b8'}

max_scale_value = 6.0

# 定义序列数据
seq = ['g8', 'e8', 'e4', 'f8', 'd8', 'd4', 'c8', 'd8', 'e8', 'f8', 'g8', 'g8', 'g4',
       'g8', 'e8', 'e8', 'e8', 'f8', 'd8', 'd4', 'c8', 'e8', 'g8', 'g8', 'e8', 'e8', 'e4',
       'd8', 'd8', 'd8', 'd8', 'd8', 'e8', 'f4', 'e8', 'e8', 'e8', 'e8', 'e8', 'f8', 'g4',
       'g8', 'e8', 'e4', 'f8', 'd8', 'd4', 'c8', 'e8', 'g8', 'g8', 'e8', 'e8', 'e4']

# 2. 生成数据集

x_train, y_train = seq2dataset(seq, window_size = 4)

# 将输入转换为（样本数，时间步数，属性数）形态
x_train = np.reshape(x_train, (50, 4, 2))
```

```python
# 对标签值进行独热编码处理
y_train = np_utils.to_categorical(y_train)

one_hot_vec_size = y_train.shape[1]

print("one hot encoding vector size is ", one_hot_vec_size)

# 3. 搭建模型
model = Sequential()
model.add(LSTM(128, batch_input_shape = (1, 4, 2), stateful=True))
model.add(Dense(one_hot_vec_size, activation='softmax'))

# 4. 设置模型训练过程
model.compile(loss='categorical_crossentropy', optimizer='adam', metrics=['accuracy'])

# 5. 训练模型
num_epochs = 2000

history = LossHistory() # 生成损失历史记录对象
history.init()

for epoch_idx in range(num_epochs):
    print ('epochs : ' + str(epoch_idx) )
    model.fit(x_train, y_train, epochs=1, batch_size=1, verbose=2, shuffle=False,
callbacks=[history]) # 50 is X.shape[0]
    model.reset_states()

# 6. 查看训练过程
%matplotlib inline
import matplotlib.pyplot as plt

plt.plot(history.losses)
plt.ylabel('loss')
plt.xlabel('epoch')
plt.legend(['train'], loc='upper left')
plt.show()

# 7. 评价模型
scores = model.evaluate(x_train, y_train, batch_size=1)
print("%s: %.2f%%" %(model.metrics_names[1], scores[1]*100))
model.reset_states()

# 8. 使用模型

pred_count = 50 # 定义最大预测个数

# 一步预测

seq_out = ['g8', 'e8', 'e4', 'f8']
pred_out = model.predict(x_train, batch_size=1)
```

```
for i in range(pred_count):
    idx = np.argmax(pred_out[i]) # 将独热编码转换为索引值
    seq_out.append(idx2code[idx]) # 由于 seq_out 是最终输出乐谱，因此将索引值转换为代码并保存

print("one step prediction : ", seq_out)

model.reset_states()

# 全曲预测

seq_in = ['g8', 'e8', 'e4', 'f8']
seq_out = seq_in

seq_in_features = []

for si in seq_in:
    features = code2features(si)
    seq_in_features.append(features)

for i in range(pred_count):
    sample_in = np.array(seq_in_features)
    sample_in = np.reshape(sample_in, (1, 4, 2)) # 样本数，时间步数，属性数量
    pred_out = model.predict(sample_in)
    idx = np.argmax(pred_out)
    seq_out.append(idx2code[idx])

    features = code2features(idx2code[idx])
    seq_in_features.append(features)
    seq_in_features.pop(0)

model.reset_states()

print("full song prediction : ", seq_out)
```

```
('one hot encoding vector size is ', 12)
epochs : 0
Epoch 1/1
1s - loss: 2.3099 - acc: 0.1400
epochs : 1
Epoch 1/1
0s - loss: 2.0182 - acc: 0.3400
epochs : 2
Epoch 1/1
0s - loss: 1.9620 - acc: 0.3400
...
epochs : 1997
Epoch 1/1
0s - loss: 1.7306e-04 - acc: 1.0000
epochs : 1998
Epoch 1/1
```

```
0s - loss: 1.6895e-04 - acc: 1.0000
epochs : 1999
Epoch 1/1
0s - loss: 1.6470e-04 - acc: 1.0000
25/50 [===========>..............] - ETA: 0s acc: 100.00%
('one step prediction : ', ['g8', 'e8', 'e4', 'f8', 'd8', 'd4', 'c8', 'd8', 'e8', 'f8', 'g8',
'g8', 'g4', 'g8', 'e8', 'e8', 'e8', 'f8', 'd8', 'd4', 'c8', 'e8', 'g8', 'g8', 'e8', 'e8',
'e4', 'd8', 'd8', 'd8', 'd8', 'd8', 'e8', 'f4', 'e8', 'e8', 'e8', 'e8', 'e8', 'f8', 'g4',
'g8', 'e8', 'e4', 'f8', 'd8', 'd4', 'c8', 'e8', 'g8', 'g8', 'e8', 'e8', 'e4'])
('full song prediction : ', ['g8', 'e8', 'e4', 'f8', 'd8', 'd4', 'c8', 'd8', 'e8', 'f8', 'g8',
'g8', 'g4', 'g8', 'e8', 'e8', 'e8', 'f8', 'd8', 'd4', 'c8', 'e8', 'g8', 'g8', 'e8', 'e8',
'e4', 'd8', 'd8', 'd8', 'd8', 'd8', 'e8', 'f4', 'e8', 'e8', 'e8', 'e8', 'e8', 'f8', 'g4',
'g8', 'e8', 'e4', 'f8', 'd8', 'd4', 'c8', 'e8', 'g8', 'g8', 'e8', 'e8', 'e4'])
```

运行的预测结果与原曲完全相同。

① 可从图灵社区本页主页下载歌曲的 mp3 文件。——编者注

　　本节通过耳熟能详的儿歌《小蜜蜂》讲解了循环神经网络模型，并着重了解了循环神经网络中最常用的 LSTM 模型，以及其中主要参数的性质。下面以图片形式表示前面讲过的 4 种模型训练过程中的损失值。按训练效率排序，依次为：多层感知器神经网络模型 > 标准 LSTM 模型 > Stateful LSTM 模型（一个属性）> Stateful LSTM 模型（两个属性）。

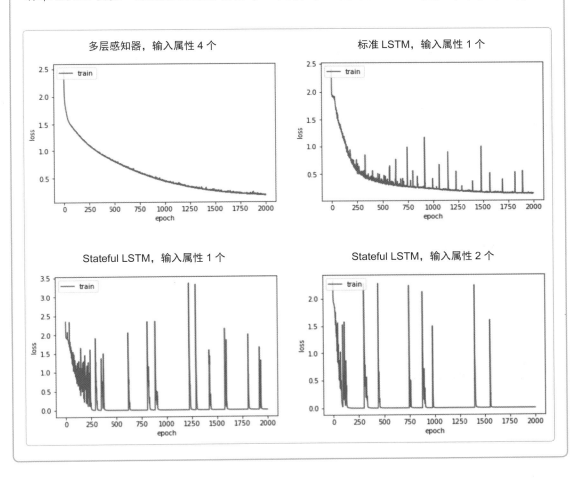

第 4 章

示例应用

4.1 输入 – 预测数值模型示例

本节将了解有关根据输入的数值预测数值结果的模型。感应器神经网络模型是用于线性回归分析最简单的模型，首先生成数据集，随后由浅入深地搭建并训练简单感应器神经网络模型、深度多层感应器神经网络模型等多种模型。

4.1.1 准备数据集

生成数据集，将输入 x 乘以 2，输出 2 倍值 y。运用线性回归模型 $Y = w \times X + b$ 时，训练目的是使 w 接近于 2，b 接近于 0.16。

```python
import numpy as np

# 生成数据集
x_train = np.random.random((1000, 1))
y_train = x_train * 2 + np.random.random((1000, 1)) / 3.0
x_test = np.random.random((100, 1))
y_test = x_test * 2 + np.random.random((100, 1)) / 3.0

# 查看数据集
%matplotlib inline
import matplotlib.pyplot as plt

plt.plot(x_train, y_train, 'ro')
plt.plot(x_test, y_test, 'bo')
plt.legend(['train', 'test'], loc='upper left')
plt.show()
```

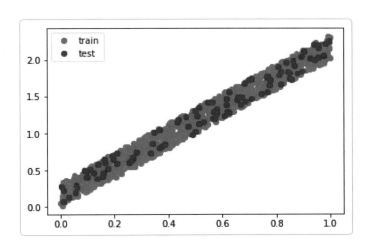

4.1.2 准备层

本节将使用如下模块。

模　　块	名　　称	说　　明
	Input data, Labels	一维输入数据和标签值
	Dense	连接所有输入神经元与输出神经元的全连接层
	relu	激活函数，主要用于隐藏层

4.1.3 模型准备

为预测数据，我们准备了线性回归模型、感应器神经网络模型、多层感应器神经网络模型、深度多层感应器神经网络模型。

● **线性回归模型**

我们将通过最简单的一维线性回归模型预测数据。如下所示，x、y 是我们生成的数据集，目的是通过回归分析，求得 w 和 b 的值。

```
Y = w * X + b
```

求得 w 和 b 的值之后，输入任意 x，即可输出预测值 y。w 和 b 的值通过方差、协方差、平均算法可以简单得出。

```
w = np.cov(X, Y, bias=1)[0,1] / np.var(X)
b = np.average(Y) - w * np.average(X)
```

虽然公式很简单，但导出公式的过程很复杂。为求得将误差最小化的最大值，需要进行偏微分，然后重新展开公式。

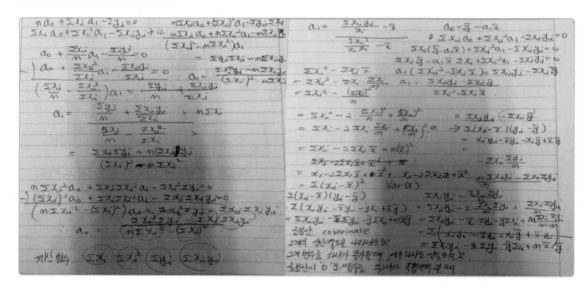

- 感应器神经网络模型

这种模型只有一个 Dense 层、一个神经元，是最基本的感应器神经网络模型。也就是说，是展开权重（w）和偏差（b）分别只有一个的典型 $Y = w \times X + b$ 公式的模型。数值预测模型的输出层不需要调用特殊的激活函数。为接近手算的 w 和 b 值的线性回归最优解，不同情况下可能需要运行 10 000 次以上的训练周期。虽然这种模型在实操中并不会用到，但初学线性回归的人可将其用作入门模型。

```
model = Sequential()
model.add(Dense(1, input_dim=1))
```

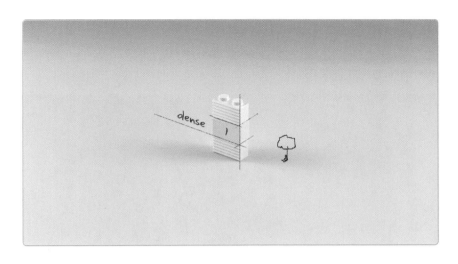

- **多层感应器神经网络模型**

这种模型是由两个 Dense 层构成的神经网络模型。第一层是由 64 个神经元构成的 Dense 层，调用便于处理误差反向传播的 relu 函数作为激活函数；第二层输出层只输出一个预测值，因此只具有一个神经元，不需另外调用激活函数。

```
model = Sequential()
model.add(Dense(64, input_dim=1, activation='relu'))
model.add(Dense(1))
```

- **深度多层感应器神经网络模型**

这种多层感应器神经网络模型由 3 个 Dense 层构成。第一、二层是具有 64 个神经元的 Dense 层，调用便于处理误差反向传播的 relu 函数作为激活函数；第三层输出层只输出一个预测值，因此只具有一个神经元，不需另外调用激活函数。

```
model = Sequential()
model.add(Dense(64, input_dim=1, activation='relu'))
model.add(Dense(64, activation='relu'))
model.add(Dense(1))
```

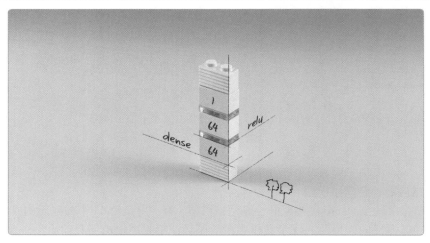

4.1.4 全部代码

以上提到的线性回归模型、感应器神经网络模型、多层感应器神经网络模型、深度多层感应器神经网络模型相关的全部代码如下所示。

- 线性回归模型

```
# 0. 调用要使用的包
import numpy as np
from sklearn.metrics import mean_squared_error
import random

# 1. 生成数据集
x_train = np.random.random((1000, 1))
y_train = x_train * 2 + np.random.random((1000, 1)) / 3.0
x_test = np.random.random((100, 1))
y_test = x_test * 2 + np.random.random((100, 1)) / 3.0

x_train = x_train.reshape(1000,)
y_train = y_train.reshape(1000,)
x_test = x_test.reshape(100,)
y_test = y_test.reshape(100,)

# 2. 搭建模型
w = np.cov(x_train, y_train, bias=1)[0,1] / np.var(x_train)
b = np.average(y_train) - w * np.average(x_train)

print w, b
```

```
# 3. 评价模型
y_predict = w * x_test + b
mse = mean_squared_error(y_test, y_predict)
print('mse : ' + str(mse))


2.00574308629 0.166691995049
mse : 0.0103976035867
```

- 感应器神经网络模型

```
# 0. 调用要使用的包
import numpy as np
from keras.models import Sequential
from keras.layers import Dense
import random

# 1. 生成数据集
x_train = np.random.random((1000, 1))
y_train = x_train * 2 + np.random.random((1000, 1)) / 3.0
x_test = np.random.random((100, 1))
y_test = x_test * 2 + np.random.random((100, 1)) / 3.0

# 2. 搭建模型
model = Sequential()
model.add(Dense(1, input_dim=1))

# 3. 设置模型训练过程
model.compile(optimizer='rmsprop', loss='mse')

# 4. 训练模型
hist = model.fit(x_train, y_train, epochs=50, batch_size=64)
w, b = model.get_weights()
print w, b

# 5. 查看训练过程
%matplotlib inline
import matplotlib.pyplot as plt

plt.plot(hist.history['loss'])
plt.ylim(0.0, 1.5)
plt.ylabel('loss')
plt.xlabel('epoch')
plt.legend(['train'], loc='upper left')
plt.show()

# 6. 评价模型
loss = model.evaluate(x_test, y_test, batch_size=32)
print('loss : ' + str(loss))


Epoch 1/50
1000/1000 [==============================] - 0s - loss: 3.3772
Epoch 2/50
1000/1000 [==============================] - 0s - loss: 3.2768
Epoch 3/50
1000/1000 [==============================] - 0s - loss: 3.1915
Epoch 4/50
1000/1000 [==============================] - 0s - loss: 3.1096
...
```

```
Epoch 48/50
1000/1000 [==============================] - 0s - loss: 0.6717
Epoch 49/50
1000/1000 [==============================] - 0s - loss: 0.6426
Epoch 50/50
1000/1000 [==============================] - 0s - loss: 0.6149
[[-0.1403431]] [ 0.79356796]
 32/100 [=======>......................] - ETA: 0sloss : 0.608838057518
```

- 多层感应器神经网络模型

```python
# 0. 调用要使用的包
import numpy as np
from keras.models import Sequential
from keras.layers import Dense
import random

# 1. 生成数据集
x_train = np.random.random((1000, 1))
y_train = x_train * 2 + np.random.random((1000, 1)) / 3.0
x_test = np.random.random((100, 1))
y_test = x_test * 2 + np.random.random((100, 1)) / 3.0

# 2. 搭建模型
model = Sequential()
model.add(Dense(64, input_dim=1, activation='relu'))
model.add(Dense(1))

# 3. 设置模型训练过程
model.compile(optimizer='rmsprop', loss='mse')

# 4. 训练模型
hist = model.fit(x_train, y_train, epochs=50, batch_size=64)

# 5. 查看训练过程
%matplotlib inline
import matplotlib.pyplot as plt

plt.plot(hist.history['loss'])
plt.ylim(0.0, 1.5)
plt.ylabel('loss')
plt.xlabel('epoch')
plt.legend(['train'], loc='upper left')
plt.show()

# 6. 评价模型
loss = model.evaluate(x_test, y_test, batch_size=32)
print('loss : ' + str(loss))
```

```
Epoch 1/50
1000/1000 [==============================] - 2s - loss: 0.9789
Epoch 2/50
1000/1000 [==============================] - 0s - loss: 3.2768
Epoch 3/50
1000/1000 [==============================] - 0s - loss: 3.1915
Epoch 4/50
```

```
1000/1000 [==============================] - 0s - loss: 3.1096
...
Epoch 48/50
1000/1000 [==============================] - 0s - loss: 0.0096
Epoch 49/50
1000/1000 [==============================] - 0s - loss: 0.0096
Epoch 50/50
1000/1000 [==============================] - 0s - loss: 0.0097
 32/100 [======>.....................] - ETA: 3sloss : 0.00962571099401
```

- 深度多层感应器神经网络模型

```python
# 0. 调用要使用的包
import numpy as np
from keras.models import Sequential
from keras.layers import Dense
import random

# 1. 生成数据集
x_train = np.random.random((1000, 1))
y_train = x_train * 2 + np.random.random((1000, 1)) / 3.0
x_test = np.random.random((100, 1))
y_test = x_test * 2 + np.random.random((100, 1)) / 3.0

# 2. 搭建模型
model = Sequential()
model.add(Dense(64, input_dim=1, activation='relu'))
model.add(Dense(64, activation='relu'))
model.add(Dense(1))

# 3. 设置模型训练过程
model.compile(optimizer='rmsprop', loss='mse')

# 4. 训练模型
hist = model.fit(x_train, y_train, epochs=50, batch_size=64)

# 5. 查看训练过程
%matplotlib inline
import matplotlib.pyplot as plt

plt.plot(hist.history['loss'])
plt.ylim(0.0, 1.5)
plt.ylabel('loss')
plt.xlabel('epoch')
plt.legend(['train'], loc='upper left')
plt.show()

# 6. 评价模型
loss = model.evaluate(x_test, y_test, batch_size=32)
print('loss : ' + str(loss))
```

```
Epoch 1/50
1000/1000 [==============================] - 2s - loss: 1.0374
Epoch 2/50
1000/1000 [==============================] - 0s - loss: 3.2768
Epoch 3/50
1000/1000 [==============================] - 0s - loss: 3.1915
```

```
Epoch 4/50
1000/1000 [==============================] - 0s - loss: 3.1096
...
Epoch 48/50
1000/1000 [==============================] - 0s - loss: 0.0093
Epoch 49/50
1000/1000 [==============================] - 0s - loss: 0.0095
Epoch 50/50
1000/1000 [==============================] - ETA: 0s - loss: 0.008 - 0s - loss: 0.0094
  32/100 [========>.....................] - ETA: 4sloss : 0.0100720105693
```

4.1.5 训练结果比较

模型训练所需时间排序为：感应器神经网络 > 多层感应器神经网络 > 深度多层感应器神经网络。

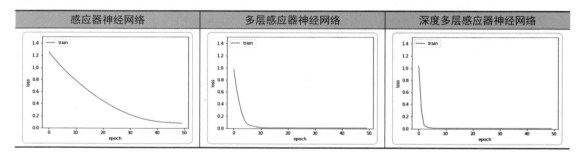

小结

本节针对数值预测类问题搭建了感应器神经网络、多层感应器神经网络、深度多层感应器神经网络模型，并分别对其性能进行了评价。

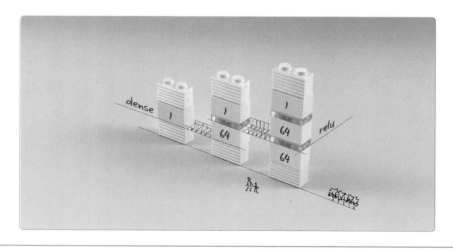

4.2 | 输入数值二元分类模型示例

本节将讨论的是，输入数值后进行二元分类预测的模型。首先生成数据集，随后由浅入深地搭建并训练简单感应器神经网络模型、深度多层感应器神经网络模型等多种模型。

4.2.1 准备数据集

首先生成数据集，其具备 1000 个用于训练的具有 12 个任意值变量的输入值（x），以及对每个输入值随机返回 0 或 1 的输出值（y）。我们还准备了 100 个用于测试的数据。

```
import numpy as np

# 生成数据集
x_train = np.random.random((1000, 12))
y_train = np.random.randint(2, size=(1000, 1))
x_test = np.random.random((100, 12))
y_test = np.random.randint(2, size=(100, 1))
```

数据集中的 12 个变量（x）和标签值（y）都是随机数。没有规律的数据示例的训练难度最高。由于数据无规律可循，所以训练模型在测试集中的准确率也会很低。但我们依然选择使用这种随机数据，原因如下：

❑ 从无规律的数据中，可以清晰观察每个模型的训练速度；

❑ 在实际运用数据之前，适合对数据集形态进行设计或进行模型的原型开发。

首先，仅使用 12 个输入参数中的第一个和第二个参数，对数据进行二维分布分析。根据标签值的不同，点的颜色进行了区别显示。

```
%matplotlib inline
import matplotlib.pyplot as plt

# 查看数据集（二维）
plot_x = x_train[:,0]
plot_y = x_train[:,1]
plot_color = y_train.reshape(1000,)

plt.scatter(plot_x, plot_y, c=plot_color)
plt.show()
```

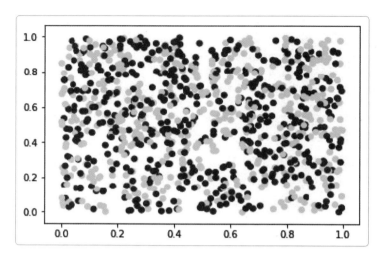

　　真实数据中，如果第一个参数与第二个参数之间具有一定的对应关系，那么在图中会看出一定的趋势分布。但由于我们的数据集是随机数，因此不能发现预期的规律。下面使用第一个、第二个、第三个参数，看一下三维图的情况。

```
# 查看数据集（三维）
from mpl_toolkits.mplot3d import Axes3D

fig = plt.figure()
ax = fig.add_subplot(111, projection='3d')

plot_x = x_train[:,0]
plot_y = x_train[:,1]
plot_z = x_train[:,2]
plot_color = y_train.reshape(1000,)

ax.scatter(plot_x, plot_y, plot_z, c=plot_color)
plt.show()
```

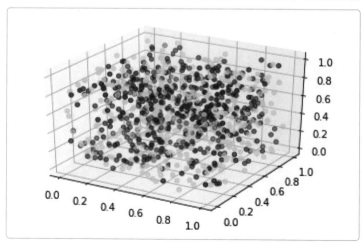

如我们所料，依旧找不到数据规律。然而在实际的数据集中，由于参数之间具有相互关系，所以可以找到数据规律。因此，建议在搭建模型之前，使用这种方式先查看数据集。但由于此处假定了训练集的过拟合状态，所以可以忽略测试集的准确率。

4.2.2 准备层

本节新添加的模块是 sigmoid。

模　　块	名　　称	说　　明
	sigmoid	激活函数，·映射输入值返回 0 ~ 1 的值。输出值大于特定阈值（如 0.5）为阳性，小于为阴性，对输入值进行预测，通常用于二元分类问题的输出层

4.2.3 准备模型

为解决二元分类问题，我们准备了感应器神经网络模型、多层感应器神经网络模型、深度多层感应器神经网络模型。

● **感应器神经网络模型**

这种模型只有一个 Dense 层、一个神经元，是最基本的感应器神经网络模型。也就是说，是为了展开权重（w）和偏差（b）分别只有一个的典型 $Y = w \times X + b$ 公式的模型。二元分类问题的模型中，输出层调用 sigmoid 函数作为激活函数。

```
model = Sequential()
model.add(Dense(1, input_dim=12, activation='sigmoid'))
```

与叠加模块相似，即使将激活函数搭建为另外一个层，得到的模型也是相同的。

```
model = Sequential()
model.add(Dense(1, input_dim=12))
model.add(Activation('sigmoid'))
```

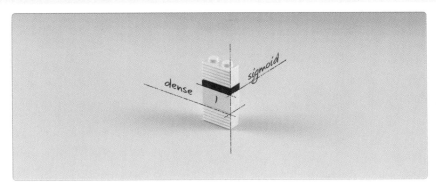

- **多层感应器神经网络模型**

这种模型是有两个 Dense 层构成的多层感应器神经网络模型。第一层是由 64 个神经元构成的 Dense 层，调用便于处理误差反向传播的 relu 函数作为激活函数；第二层输出层输出 0~1 的一个预测值，调用 sigmoid 函数作为激活函数。

```
model = Sequential()
model.add(Dense(64, input_dim=12, activation='relu'))
model.add(Dense(1, activation='sigmoid'))
```

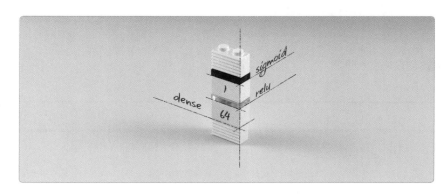

- **深度多层感应器神经网络模型**

这种多层感应器神经网络模型由 3 个 Dense 层构成。第一、二层是具有 64 个神经元的 Dense 层，调用便于处理误差反向传播的 relu 函数作为激活函数；第三层输出层输出 0~1 的一个预测值，调用 sigmoid 函数作为激活函数。

```
model = Sequential()
model.add(Dense(64, input_dim=12, activation='relu'))
model.add(Dense(64, activation='relu'))
model.add(Dense(1, activation='sigmoid'))
```

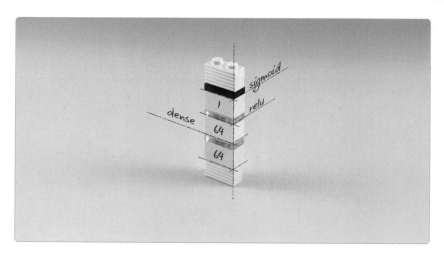

4.2.4 全部代码

以上提到的感应器神经网络模型、多层感应器神经网络模型、深度多层感应器神经网络模型相关的全部代码如下。

- **感应器神经网络模型**

```python
# 0. 调用要使用的包
import numpy as np
from keras.models import Sequential
from keras.layers import Dense
import random

# 1. 生成数据集
x_train = np.random.random((1000, 12))
y_train = np.random.randint(2, size=(1000, 1))
x_test = np.random.random((100, 12))
y_test = np.random.randint(2, size=(100, 1))

# 2. 搭建模型
model = Sequential()
model.add(Dense(1, input_dim=12, activation='sigmoid'))

# 3. 设置模型训练过程
model.compile(optimizer='rmsprop', loss='binary_crossentropy', metrics=['accuracy'])

# 4. 训练模型
hist = model.fit(x_train, y_train, epochs=1000, batch_size=64)

# 5. 查看训练过程
%matplotlib inline
import matplotlib.pyplot as plt

fig, loss_ax = plt.subplots()

acc_ax = loss_ax.twinx()

loss_ax.set_ylim([0.0, 1.0])
acc_ax.set_ylim([0.0, 1.0])

loss_ax.plot(hist.history['loss'], 'y', label='train loss')
acc_ax.plot(hist.history['acc'], 'b', label='train acc')

loss_ax.set_xlabel('epoch')
loss_ax.set_ylabel('loss')
acc_ax.set_ylabel('accuracy')

loss_ax.legend(loc='upper left')
acc_ax.legend(loc='lower left')

plt.show()

# 6. 评价模型
loss_and_metrics = model.evaluate(x_test, y_test, batch_size=32)
print('loss_and_metrics : ' + str(loss_and_metrics))
```

```
Epoch 1/1000
1000/1000 [==============================] - 0s - loss: 0.7249 - acc: 0.4900
Epoch 2/1000
1000/1000 [==============================] - 0s - loss: 0.7241 - acc: 0.4900
Epoch 3/1000
1000/1000 [==============================] - 0s - loss: 0.7234 - acc: 0.4950
Epoch 4/1000
1000/1000 [==============================] - 0s - loss: 0.7228 - acc: 0.4900
...
Epoch 998/1000
1000/1000 [==============================] - 0s - loss: 0.6843 - acc: 0.5500
Epoch 999/1000
1000/1000 [==============================] - 0s - loss: 0.6844 - acc: 0.5550
Epoch 1000/1000
1000/1000 [==============================] - 0s - loss: 0.6842 - acc: 0.5530
 32/100 [=======>......................] - ETA: 0sloss_and_metrics : [0.71497900724411012,
0.5]
```

- 多层感应器神经网络模型

```python
# 0. 调用要使用的包
import numpy as np
from keras.models import Sequential
from keras.layers import Dense
import random

# 1. 生成数据集
x_train = np.random.random((1000, 12))
y_train = np.random.randint(2, size=(1000, 1))
x_test = np.random.random((100, 12))
y_test = np.random.randint(2, size=(100, 1))

# 2. 搭建模型
model = Sequential()
model.add(Dense(64, input_dim=12, activation='relu'))
model.add(Dense(1, activation='sigmoid'))

# 3. 设置模型训练过程
model.compile(optimizer='rmsprop', loss='binary_crossentropy', metrics=['accuracy'])

# 4. 训练模型
hist = model.fit(x_train, y_train, epochs=1000, batch_size=64)

# 5. 查看训练过程
%matplotlib inline
import matplotlib.pyplot as plt

fig, loss_ax = plt.subplots()

acc_ax = loss_ax.twinx()

loss_ax.set_ylim([0.0, 1.0])
acc_ax.set_ylim([0.0, 1.0])

loss_ax.plot(hist.history['loss'], 'y', label='train loss')
```

```
acc_ax.plot(hist.history['acc'], 'b', label='train acc')

loss_ax.set_xlabel('epoch')
loss_ax.set_ylabel('loss')
acc_ax.set_ylabel('accuracy')

loss_ax.legend(loc='upper left')
acc_ax.legend(loc='lower left')

plt.show()

# 6. 评价模型
loss_and_metrics = model.evaluate(x_test, y_test, batch_size=32)
print('loss_and_metrics : ' + str(loss_and_metrics))
```

```
Epoch 1/1000
1000/1000 [==============================] - 0s - loss: 0.6985 - acc: 0.4870
Epoch 2/1000
1000/1000 [==============================] - 0s - loss: 0.7241 - acc: 0.4900
Epoch 3/1000
1000/1000 [==============================] - 0s - loss: 0.7234 - acc: 0.4950
Epoch 4/1000
1000/1000 [==============================] - 0s - loss: 0.7228 - acc: 0.4900
...
Epoch 998/1000
1000/1000 [==============================] - 0s - loss: 0.4608 - acc: 0.7900
Epoch 999/1000
1000/1000 [==============================] - 0s - loss: 0.4608 - acc: 0.7940
Epoch 1000/1000
1000/1000 [==============================] - 0s - loss: 0.4599 - acc: 0.7980
 32/100 [=======>......................] - ETA: 0sloss_and_metrics : [0.90548927903175358,
0.52000000000000002]
```

● **深度多层感应器神经网络模型**

```
# 0. 调用要使用的包
import numpy as np
from keras.models import Sequential
from keras.layers import Dense
import random

# 1. 生成数据集
x_train = np.random.random((1000, 12))
y_train = np.random.randint(2, size=(1000, 1))
x_test = np.random.random((100, 12))
y_test = np.random.randint(2, size=(100, 1))

# 2. 搭建模型
model = Sequential()
model.add(Dense(64, input_dim=12, activation='relu'))
model.add(Dense(64, activation='relu'))
model.add(Dense(1, activation='sigmoid'))

# 3. 设置模型训练过程
model.compile(optimizer='rmsprop', loss='binary_crossentropy', metrics=['accuracy'])
```

```
# 4. 训练模型
hist = model.fit(x_train, y_train, epochs=1000, batch_size=64)

# 5. 查看训练过程
%matplotlib inline
import matplotlib.pyplot as plt

fig, loss_ax = plt.subplots()

acc_ax = loss_ax.twinx()

loss_ax.set_ylim([0.0, 1.0])
acc_ax.set_ylim([0.0, 1.0])

loss_ax.plot(hist.history['loss'], 'y', label='train loss')
acc_ax.plot(hist.history['acc'], 'b', label='train acc')

loss_ax.set_xlabel('epoch')
loss_ax.set_ylabel('loss')
acc_ax.set_ylabel('accuracy')

loss_ax.legend(loc='upper left')
acc_ax.legend(loc='lower left')

plt.show()

# 6. 评价模型
loss_and_metrics = model.evaluate(x_test, y_test, batch_size=32)
print('loss_and_metrics : ' + str(loss_and_metrics))
```

```
Epoch 1/1000
1000/1000 [==============================] - 0s - loss: 0.6954 - acc: 0.5190
Epoch 2/1000
1000/1000 [==============================] - 0s - loss: 0.7241 - acc: 0.4900
Epoch 3/1000
1000/1000 [==============================] - 0s - loss: 0.7234 - acc: 0.4950
Epoch 4/1000
1000/1000 [==============================] - 0s - loss: 0.7228 - acc: 0.4900
...
Epoch 998/1000
1000/1000 [==============================] - 0s - loss: 0.0118 - acc: 1.0000
Epoch 999/1000
1000/1000 [==============================] - 0s - loss: 0.0299 - acc: 0.9930
Epoch 1000/1000
1000/1000 [==============================] - 0s - loss: 0.0091 - acc: 1.0000
 32/100 [=======>.....................] - ETA: 0sloss_and_metrics : [2.9441756200790405,
0.4899999999999999]
```

4.2.5 训练结果比较

模型训练所需时间排序为：感应器神经网络 > 多层感应器神经网络 > 深度多层感应器神经网络。

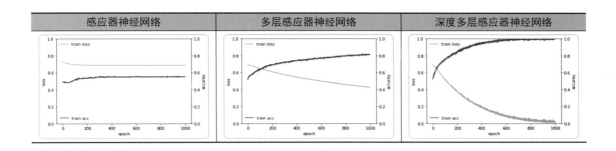

感应器神经网络	多层感应器神经网络	深度多层感应器神经网络

本节针对输入数值进行二元分类问题，搭建了感应器、多层感应器、深度多层感应器神经网络模型，并分别对其性能进行了评价。

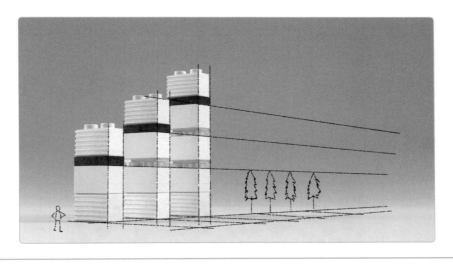

4.3 输入数值多元分类问题模型示例

本节将讨论的是输入数值后，进行多元分类预测的模型类型。首先生成数据集，随后由浅入深地搭建并训练简单感应器神经网络模型、深度多层感应器神经网络模型等多种模型。

4.3.1 准备数据集

生成数据集，其具有 1000 个由 12 个任意值变量构成的输入值（x），以及对每个输入值返回 0~9 的 10 个值中之一的输出值（y），我们还准备了 100 个用于测试的数据。

```
import numpy as np

# 生成数据集
x_train = np.random.random((1000, 12))
y_train = np.random.randint(10, size=(1000, 1))
x_test = np.random.random((100, 12))
y_test = np.random.randint(10, size=(100, 1))
```

数据集中的 12 个变量（x）和标签值（y）都是随机数。没有规律的数据示例的训练难度最高。由于数据无规律可循，所以训练模型在测试集中的准确率也会很低。但我们依然选择使用这种随机数据，原因如下：

❑ 从无规律的数据中，可以清晰观察每个模型的训练速度；

❑ 在实际运用数据之前，适用于对数据集形态进行设计或进行模型的原型开发。

首先，仅使用 12 个输入参数中的第一个和第二个参数，对数据进行二维分布分析。根据标签值的不同，点的颜色进行了区别显示。

```
%matplotlib inline
import matplotlib.pyplot as plt

# 查看数据集（二维）
plot_x = x_train[:,0]
plot_y = x_train[:,1]
plot_color = y_train.reshape(1000,)

plt.scatter(plot_x, plot_y, c=plot_color)
plt.show()
```

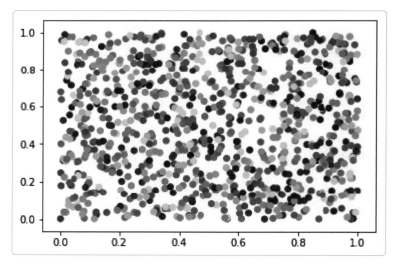

真实数据中，如果第一个参数与第二个参数之间具有一定的对应关系，那么在图中会看出一定的趋势分布。但由于我们的数据集是随机数，因此不能发现预期的规律。下面使用第一个、第二个、第三个参数，看一下三维图的情况。

```
# 查看数据集（三维）
from mpl_toolkits.mplot3d import Axes3D

fig = plt.figure()
ax = fig.add_subplot(111, projection='3d')

plot_x = x_train[:,0]
plot_y = x_train[:,1]
plot_z = x_train[:,2]
plot_color = y_train.reshape(1000,)

ax.scatter(plot_x, plot_y, plot_z, c=plot_color)
plt.show()
```

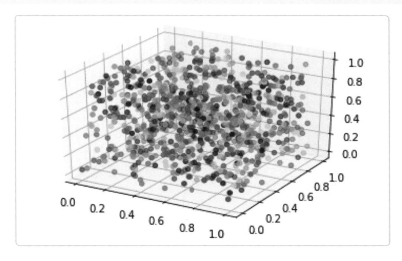

4.3.2 数据预处理

在二元分类问题中，训练时指定 0 或 1 的值，预测时会输出 0.0~1.0 的实数概率值。而在多元分类问题中，指定分类概率值时，需要使用独热编码。

独热编码是指，有 3 种分类时，输出具有 3 个值的行向量。例如需要区分三角形、四边形、圆形的情况，模型训练时，指定三角形的标签值是 [1 0 0]，四边形的标签值是 [0 1 0]，圆形的标签值是 [0 0 1]。输出时，也输出带有 3 个值的行向量，假设输出值是 [0.2 0.1 0.7]，即表示是三角形的概率为 20%，是四边形的概率为 10%，是圆形的概率为 70%。

Keras 中提供的 to_categorical 函数可对数据进行独热编码处理。

```
y_train = np.random.randint(10, size=(1000, 1))
y_train = to_categorical(y_train, num_classes=10) # 独热编码

y_test = np.random.randint(10, size=(100, 1))
y_test = to_categorical(y_test, num_classes=10) # 独热编码
```

4.3.3 准备层

本节新添加的模块是 softmax。

模　　块	名　　称	说　　明
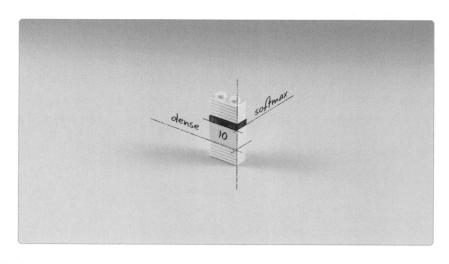	softmax	激活函数，映射输出值返回不同分类的概率值。所返回的概率值相加之和为 1。常用于多元分类问题模型的输出层中，概率值最高的类别是模型预测得出的分类结果。

4.3.4 准备模型

为解决多元分类问题，我们准备了感应器神经网络模型、多层感应器神经网络模型、深度多层感应器神经网络模型。

● 感应器神经网络模型

这种模型只有一个 Dense 层、一个神经元，是最基本的感应器神经网络模型。也就是展开权重（w）和偏差（b）分别只有一个的典型 $Y = w \times X + b$ 公式的模型。多元分类问题的模型中，输出层调用 softmax 函数作为激活函数。

```
model = Sequential()
model.add(Dense(10, input_dim=12, activation='softmax'))
```

与叠加模块相似，即使将激活函数搭建为另外一个层，得到的模型也是相同的。

```
model = Sequential()
model.add(Dense(10, input_dim=12))
model.add(Activation('softmax'))
```

- **多层感应器神经网络模型**

这种模型是由两个 Dense 层构成的多层感应器神经网络模型。第一层是由 64 个神经元构成的 Dense 层，调用便于处理误差反向传播的 relu 函数作为激活函数；第二层输出层输出各分类的概率值，使用 10 个神经元，并调用 softmax 函数作为激活函数。

```
model = Sequential()
model.add(Dense(64, input_dim=12, activation='relu'))
model.add(Dense(10, activation='softmax'))
```

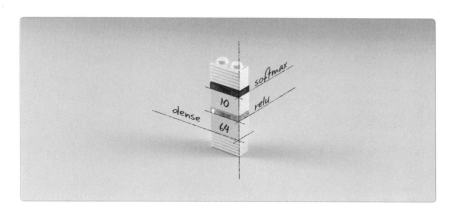

- **深度多层感应器神经网络模型**

这种多层感应器神经网络模型由 3 个 Dense 层构成。第一、二层是具有 64 个神经元的 Dense 层，调用便于处理误差反向传播的 relu 函数作为激活函数；第三层输出层输出各分类的概率值，使用 10 个神经元，并调用 softmax 函数作为激活函数。

```
model = Sequential()
model.add(Dense(64, input_dim=12, activation='relu'))
model.add(Dense(64, activation='relu'))
model.add(Dense(10, activation='softmax'))
```

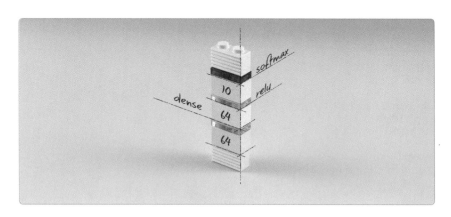

4.3.5 全部代码

以上提到的感应器神经网络模型、多层感应器神经网络模型、深度多层感应器神经网络模型相关的全部代码如下。

- 感应器神经网络模型

```python
# 0. 调用要使用的包
import numpy as np
from keras.models import Sequential
from keras.layers import Dense
from keras.utils import to_categorical
import random

# 1. 生成数据集
x_train = np.random.random((1000, 12))
y_train = np.random.randint(10, size=(1000, 1))
y_train = to_categorical(y_train, num_classes=10) # 独热编码
x_test = np.random.random((100, 12))
y_test = np.random.randint(10, size=(100, 1))
y_test = to_categorical(y_test, num_classes=10) # 独热编码

# 2. 搭建模型
model = Sequential()
model.add(Dense(10, input_dim=12, activation='softmax'))

# 3. 设置模型训练过程
model.compile(optimizer='rmsprop', loss='categorical_crossentropy', metrics=['accuracy'])

# 4. 训练模型
hist = model.fit(x_train, y_train, epochs=1000, batch_size=64)

# 5. 查看训练过程
%matplotlib inline
import matplotlib.pyplot as plt

fig, loss_ax = plt.subplots()

acc_ax = loss_ax.twinx()

loss_ax.set_ylim([0.0, 3.0])
acc_ax.set_ylim([0.0, 1.0])

loss_ax.plot(hist.history['loss'], 'y', label='train loss')
acc_ax.plot(hist.history['acc'], 'b', label='train acc')

loss_ax.set_xlabel('epoch')
loss_ax.set_ylabel('loss')
acc_ax.set_ylabel('accuracy')

loss_ax.legend(loc='upper left')
acc_ax.legend(loc='lower left')

plt.show()
```

```
# 6. 评价模型
loss_and_metrics = model.evaluate(x_test, y_test, batch_size=32)
print('loss_and_metrics : ' + str(loss_and_metrics))
```

```
Epoch 1/1000
1000/1000 [==============================] - 0s - loss: 2.6020 - acc: 0.0880
Epoch 2/1000
1000/1000 [==============================] - 0s - loss: 2.5401 - acc: 0.0870
Epoch 3/1000
1000/1000 [==============================] - 0s - loss: 2.4952 - acc: 0.0880
Epoch 4/1000
1000/1000 [==============================] - 0s - loss: 2.4586 - acc: 0.0870
...
Epoch 998/1000
1000/1000 [==============================] - 0s - loss: 2.2497 - acc: 0.1680
Epoch 999/1000
1000/1000 [==============================] - 0s - loss: 2.2495 - acc: 0.1710
Epoch 1000/1000
1000/1000 [==============================] - 0s - loss: 2.2498 - acc: 0.1690
 32/100 [=======>......................] - ETA: 0sloss_and_metrics : [2.4103073501586914,
0.089999999999999997]
```

- 多层感应器神经网络模型

```
# 0. 调用要使用的包
import numpy as np
from keras.models import Sequential
from keras.layers import Dense
from keras.utils import to_categorical
import random

# 1. 生成数据集
x_train = np.random.random((1000, 12))
y_train = np.random.randint(10, size=(1000, 1))
y_train = to_categorical(y_train, num_classes=10) # 独热编码
x_test = np.random.random((100, 12))
y_test = np.random.randint(10, size=(100, 1))
y_test = to_categorical(y_test, num_classes=10) # 独热编码

# 2. 搭建模型
model = Sequential()
model.add(Dense(64, input_dim=12, activation='relu'))
model.add(Dense(10, activation='softmax'))

# 3. 设置模型训练过程
model.compile(optimizer='rmsprop', loss='categorical_crossentropy', metrics=['accuracy'])

# 4. 训练模型
hist = model.fit(x_train, y_train, epochs=1000, batch_size=64)

# 5. 查看训练过程
%matplotlib inline
import matplotlib.pyplot as plt

fig, loss_ax = plt.subplots()
```

```
acc_ax = loss_ax.twinx()

loss_ax.set_ylim([0.0, 3.0])
acc_ax.set_ylim([0.0, 1.0])

loss_ax.plot(hist.history['loss'], 'y', label='train loss')
acc_ax.plot(hist.history['acc'], 'b', label='train acc')

loss_ax.set_xlabel('epoch')
loss_ax.set_ylabel('loss')
acc_ax.set_ylabel('accuracy')

loss_ax.legend(loc='upper left')
acc_ax.legend(loc='lower left')

plt.show()

# 6. 评价模型
loss_and_metrics = model.evaluate(x_test, y_test, batch_size=32)
print('loss_and_metrics : ' + str(loss_and_metrics))
```

```
Epoch 1/1000
1000/1000 [==============================] - 0s - loss: 2.3361 - acc: 0.1180
Epoch 2/1000
1000/1000 [==============================] - 0s - loss: 2.5401 - acc: 0.0870
Epoch 3/1000
1000/1000 [==============================] - 0s - loss: 2.4952 - acc: 0.0880
Epoch 4/1000
1000/1000 [==============================] - 0s - loss: 2.4586 - acc: 0.0870
...
Epoch 998/1000
1000/1000 [==============================] - 0s - loss: 1.7137 - acc: 0.4210
Epoch 999/1000
1000/1000 [==============================] - 0s - loss: 1.7149 - acc: 0.4230
Epoch 1000/1000
1000/1000 [==============================] - 0s - loss: 1.7134 - acc: 0.4190
 32/100 [=======>......................] - ETA: 0sloss_and_metrics : [2.9776978111267089,
0.12]
```

- 深度多层感应器神经网络模型

```
# 0. 调用要使用的包
import numpy as np
from keras.models import Sequential
from keras.layers import Dense
from keras.utils import to_categorical
import random

# 1. 生成数据集
x_train = np.random.random((1000, 12))
y_train = np.random.randint(10, size=(1000, 1))
y_train = to_categorical(y_train, num_classes=10) # 独热编码
x_test = np.random.random((100, 12))
y_test = np.random.randint(10, size=(100, 1))
y_test = to_categorical(y_test, num_classes=10) # 独热编码
```

```
# 2. 搭建模型
model = Sequential()
model.add(Dense(64, input_dim=12, activation='relu'))
model.add(Dense(64, activation='relu'))
model.add(Dense(10, activation='softmax'))

# 3. 设置模型训练过程
model.compile(optimizer='rmsprop', loss='categorical_crossentropy', metrics=['accuracy'])

# 4. 训练模型
hist = model.fit(x_train, y_train, epochs=1000, batch_size=64)

# 5. 查看训练过程
%matplotlib inline
import matplotlib.pyplot as plt

fig, loss_ax = plt.subplots()

acc_ax = loss_ax.twinx()

loss_ax.set_ylim([0.0, 3.0])
acc_ax.set_ylim([0.0, 1.0])

loss_ax.plot(hist.history['loss'], 'y', label='train loss')
acc_ax.plot(hist.history['acc'], 'b', label='train acc')

loss_ax.set_xlabel('epoch')
loss_ax.set_ylabel('loss')
acc_ax.set_ylabel('accuracy')

loss_ax.legend(loc='upper left')
acc_ax.legend(loc='lower left')

plt.show()

# 6. 评价模型
loss_and_metrics = model.evaluate(x_test, y_test, batch_size=32)
print('loss_and_metrics : ' + str(loss_and_metrics))
```

```
Epoch 1/1000
1000/1000 [==============================] - 0s - loss: 2.3033 - acc: 0.1010
Epoch 2/1000
1000/1000 [==============================] - 0s - loss: 2.5401 - acc: 0.0870
Epoch 3/1000
1000/1000 [==============================] - 0s - loss: 2.4952 - acc: 0.0880
Epoch 4/1000
1000/1000 [==============================] - 0s - loss: 2.4586 - acc: 0.0870
...
Epoch 998/1000
1000/1000 [==============================] - 0s - loss: 0.3457 - acc: 0.9390
Epoch 999/1000
1000/1000 [==============================] - 0s - loss: 0.3538 - acc: 0.9310
Epoch 1000/1000
1000/1000 [==============================] - 0s - loss: 0.3548 - acc: 0.9340
 32/100 [=======>......................] - ETA: 0sloss_and_metrics : [5.8368307685852052,
0.089999999999999997]
```

4.3.6 训练结果比较

模型训练所需时间排序为：感应器神经网络 > 多层感应器神经网络 > 深度多层感应器神经网络。

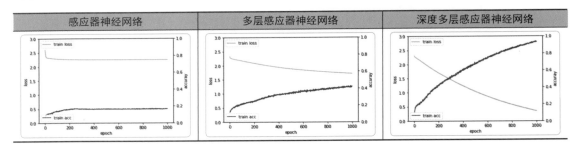

| 感应器神经网络 | 多层感应器神经网络 | 深度多层感应器神经网络 |

小结

本节针对输入数值预测多元分类问题，搭建了感应器神经网络、多层感应器神经网络、深度多层感应器神经网络模型，并分别对其性能进行了评价。

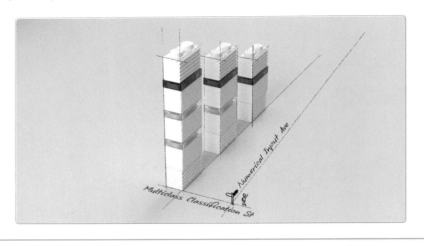

4.4 输入视频预测数值的模型示例

本节将了解根据输入的视频预测数值结果的模型。首先，生成简单的用于测试的视频数据集，随后搭建并训练多层感应器神经网络模型和卷积神经网络模型。该模型可将固定区域内拍摄视频的复杂度、密度等指标数值化。

- ❑ 根据 CCTV 等拍摄的视频预测雾霾指数
- ❑ 根据卫星拍摄视频预测绿潮、赤潮等指数
- ❑ 预测太阳能板的灰尘堆积程度

4.4.1　准备数据集

我们要准备宽为 16，高为 16，像素值分为 0 和 1 的视频。输入随机值，重复随机值次数，将视频内值为 1 的像素拍摄下来。此处将随机值指定为标签值。

```python
import numpy as np
width = 16
height = 16

def generate_dataset(samples):

    ds_x = []
    ds_y = []

    for it in range(samples):

        num_pt = np.random.randint(0, width * height)
        img = generate_image(num_pt)

        ds_y.append(num_pt)
        ds_x.append(img)

    return np.array(ds_x), np.array(ds_y).reshape(samples, 1)

def generate_image(points):

    img = np.zeros((width, height))
    pts = np.random.random((points, 2))

    for ipt in pts:
        img[int(ipt[0] * width), int(ipt[1] * height)] = 1

    return img.reshape(width, height, 1)
```

生成 1500 个训练集，300 个验证集，100 个测试集。

```python
x_train, y_train = generate_dataset(1500)
x_val, y_val = generate_dataset(300)
x_test, y_test = generate_dataset(100)
```

下面将生成的数据集的一部分进行可视化展示。

```python
%matplotlib inline
import matplotlib.pyplot as plt

plt_row = 5
plt_col = 5

plt.rcParams["figure.figsize"] = (10,10)

f, axarr = plt.subplots(plt_row, plt_col)

for i in range(plt_row*plt_col):
    sub_plt = axarr[i//plt_row, i%plt_col]
    sub_plt.axis('off')
    sub_plt.imshow(x_train[i].reshape(width, height))
    sub_plt.set_title('R ' + str(y_train[i][0]))

plt.show()
```

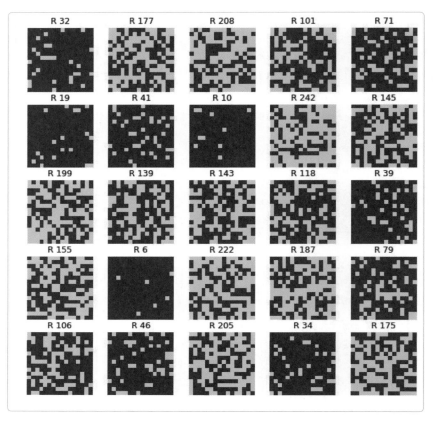

R（Real）是指像素值为 1 的像素数量。由于出现过一次的像素仍有可能重复出现，因此与实际的像素数量略有差异。

4.4.2 准备层

本节新添加的模块如下。

模　　　块	名　　称	说　　明
	2D Input data	二维输入数据。主要用于视频数据，由宽、高、channel 信道数构成
	Conv2D	调用过滤器，输出视频特征的卷积层

模 块	名 称	说 明
	MaxPooling2D	最大池化层，减少视频中的微小变化对特征输出产生的影响
	Flatten	将二维特征地图一维化，以完成向全连接层的传递
	relu	激活函数，主要用于 Conv2D 隐藏层

4.4.3　准备模型

我们准备了多层感应器神经网络模型和卷积神经网络模型，用于预测输入视频。

● 多层感应器神经网络模型

```
model = Sequential()
model.add(Dense(256, activation='relu', input_dim = width*height))
model.add(Dense(256, activation='relu'))
model.add(Dense(256))
model.add(Dense(1))
```

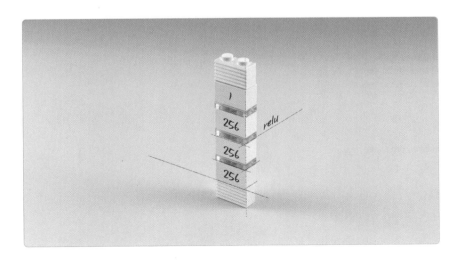

- 卷积神经网络模型

```
model = Sequential()
model.add(Conv2D(32, (3, 3), activation='relu', input_shape=(width, height, 1)))
model.add(MaxPooling2D(pool_size=(2, 2)))
model.add(Conv2D(32, (3, 3), activation='relu'))
model.add(MaxPooling2D(pool_size=(2, 2)))
model.add(Flatten())
model.add(Dense(256, activation='relu'))
model.add(Dense(1))
```

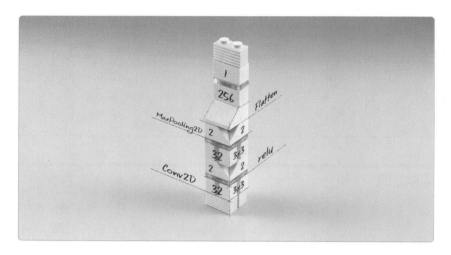

4.4.4 全部代码

前面提到的多层感应器神经网络模型、卷积神经网络模型的全部代码如下。

- 多层感应器神经网络模型

```
# 0. 调用要使用的包
import numpy as np
from keras.models import Sequential
from keras.layers import Dense

width = 16
height = 16

def generate_dataset(samples):

    ds_x = []
    ds_y = []

    for it in range(samples):
        num_pt = np.random.randint(0, width * height)
        img = generate_image(num_pt)
```

```
            ds_y.append(num_pt)
            ds_x.append(img)

    return np.array(ds_x), np.array(ds_y).reshape(samples, 1)

def generate_image(points):

    img = np.zeros((width, height))
    pts = np.random.random((points, 2))

    for ipt in pts:
        img[int(ipt[0] * width), int(ipt[1] * height)] = 1

    return img.reshape(width, height, 1)

# 1. 生成数据集
x_train, y_train = generate_dataset(1500)
x_val, y_val = generate_dataset(300)
x_test, y_test = generate_dataset(100)

x_train_1d = x_train.reshape(x_train.shape[0], width*height)
x_val_1d = x_val.reshape(x_val.shape[0], width*height)
x_test_1d = x_test.reshape(x_test.shape[0], width*height)

# 2. 搭建模型
model = Sequential()
model.add(Dense(256, activation='relu', input_dim = width*height))
model.add(Dense(256, activation='relu'))
model.add(Dense(256))
model.add(Dense(1))

# 3. 设置模型训练过程
model.compile(loss='mse', optimizer='adam')

# 4. 训练模型
hist = model.fit(x_train_1d, y_train, batch_size=32, epochs=1000, validation_data=(x_val_1d, y_val))

# 5. 查看训练过程
%matplotlib inline
import matplotlib.pyplot as plt

plt.plot(hist.history['loss'])
plt.plot(hist.history['val_loss'])
plt.ylim(0.0, 300.0)
plt.ylabel('loss')
plt.xlabel('epoch')
plt.legend(['train', 'val'], loc='upper left')
plt.show()

# 6. 评价模型
score = model.evaluate(x_test_1d, y_test, batch_size=32)

print(score)
```

```
# 7. 调用模型
yhat_test = model.predict(x_test_1d, batch_size=32)

%matplotlib inline
import matplotlib.pyplot as plt

plt_row = 5
plt_col = 5

plt.rcParams["figure.figsize"] = (10,10)

f, axarr = plt.subplots(plt_row, plt_col)

for i in range(plt_row*plt_col):
    sub_plt = axarr[i//plt_row, i%plt_col]
    sub_plt.axis('off')
    sub_plt.imshow(x_test[i].reshape(width, height))
    sub_plt.set_title('R %d P %.1f' % (y_test[i][0], yhat_test[i][0]))

plt.show()
```

```
Train on 1500 samples, validate on 300 samples
Epoch 1/1000
1500/1500 [==============================] - 1s - loss: 4547.2297 - val_loss: 489.0028
Epoch 2/1000
1500/1500 [==============================] - 0s - loss: 270.5862 - val_loss: 250.0564
Epoch 3/1000
1500/1500 [==============================] - 0s - loss: 184.1776 - val_loss: 200.3438
...
Epoch 998/1000
1500/1500 [==============================] - 0s - loss: 0.2356 - val_loss: 107.4000
Epoch 999/1000
1500/1500 [==============================] - 0s - loss: 0.3426 - val_loss: 107.5543
Epoch 1000/1000
1500/1500 [==============================] - 0s - loss: 0.5059 - val_loss: 110.1831
 32/100 [======>....................] - ETA: 0s110.12584671
```

由于多层感应器神经网络模型的输入 Dense 层只接收一维向量数据，因此需要将二维视频转换为一维向量。

```
x_train_1d = x_train.reshape(x_train.shape[0], width*height)
x_val_1d = x_val.reshape(x_val.shape[0], width*height)
x_test_1d = x_test.reshape(x_test.shape[0], width*height)
```

下面是一部分预测结果。R 是真实值，P（Prediction）是模型的预测值。由于我们在输出层中没有另外指定激活函数，所以使用了线性函数，而且预测值是实数，不是整数。

- 卷积神经网络模型

```
# 0. 调用要使用的包
import numpy as np
from keras.models import Sequential
from keras.layers import Dense, Dropout, Flatten
from keras.layers import Conv2D, MaxPooling2D


width = 16
height = 16

def generate_dataset(samples):

    ds_x = []
    ds_y = []


    for it in range(samples):

        num_pt = np.random.randint(0, width * height)
        img = generate_image(num_pt)
```

```
            ds_y.append(num_pt)
            ds_x.append(img)

        return np.array(ds_x), np.array(ds_y).reshape(samples, 1)

    def generate_image(points):

        img = np.zeros((width, height))
        pts = np.random.random((points, 2))

        for ipt in pts:
            img[int(ipt[0] * width), int(ipt[1] * height)] = 1

        return img.reshape(width, height, 1)

# 1. 生成数据集
x_train, y_train = generate_dataset(1500)
x_val, y_val = generate_dataset(300)
x_test, y_test = generate_dataset(100)

# 2. 搭建模型
model = Sequential()
model.add(Conv2D(32, (3, 3), activation='relu', input_shape=(width, height, 1)))
model.add(MaxPooling2D(pool_size=(2, 2)))
model.add(Conv2D(32, (3, 3), activation='relu'))
model.add(MaxPooling2D(pool_size=(2, 2)))
model.add(Flatten())
model.add(Dense(256, activation='relu'))
model.add(Dense(1))

# 3. 设置模型训练过程
model.compile(loss='mse', optimizer='adam')

# 4. 训练模型
hist = model.fit(x_train, y_train, batch_size=32, epochs=1000, validation_data=(x_val, y_val))

# 5. 查看训练过程
%matplotlib inline
import matplotlib.pyplot as plt

plt.plot(hist.history['loss'])
plt.plot(hist.history['val_loss'])
plt.ylim(0.0, 300.0)
plt.ylabel('loss')
plt.xlabel('epoch')
plt.legend(['train', 'val'], loc='upper left')
plt.show()

# 6. 评价模型
score = model.evaluate(x_test, y_test, batch_size=32)
```

```
print(score)

# 7. 调用模型
yhat_test = model.predict(x_test, batch_size=32)

%matplotlib inline
import matplotlib.pyplot as plt

plt_row = 5
plt_col = 5

plt.rcParams["figure.figsize"] = (10,10)

f, axarr = plt.subplots(plt_row, plt_col)

for i in range(plt_row*plt_col):
    sub_plt = axarr[i//plt_row, i%plt_col]
    sub_plt.axis('off')
    sub_plt.imshow(x_test[i].reshape(width, height))
    sub_plt.set_title('R %d P %.1f' % (y_test[i][0], yhat_test[i][0]))

plt.show()
```

```
Train on 1500 samples, validate on 300 samples
Epoch 1/1000
1500/1500 [==============================] - 1s - loss: 4547.2297 - val_loss: 489.0028
Epoch 2/1000
1500/1500 [==============================] - 0s - loss: 270.5862 - val_loss: 250.0564
Epoch 3/1000
1500/1500 [==============================] - 0s - loss: 184.1776 - val_loss: 200.3438
...
Epoch 998/1000
1500/1500 [==============================] - 0s - loss: 0.0858 - val_loss: 173.7133
Epoch 999/1000
1500/1500 [==============================] - 0s - loss: 0.0905 - val_loss: 173.3539
Epoch 1000/1000
1500/1500 [==============================] - 0s - loss: 0.0450 - val_loss: 173.4334
 32/100 [=======>....................] - ETA: 0s191.033380737
```

下面演示卷积神经网络模型的一部分预测结果。

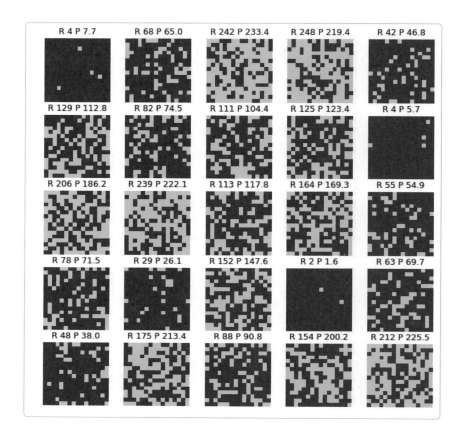

4.4.5　训练结果比较

比较多层感应器神经网络模型与卷积神经网络模型可以看到，对于当前的样本，多层感应器神经网络模型的准确率更高。由于标签值并非形状和颜色等具体的视频特征，而是简单的像素为 1 的像素个数，因此卷积神经网络模型并没有发挥其性能优势。

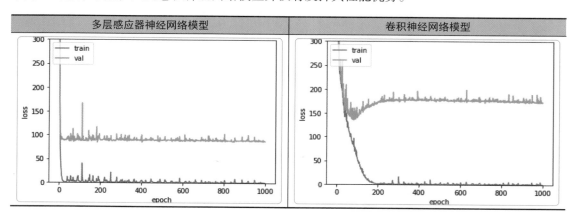

本节针对输入视频预测数值问题搭建了多层感应器神经网络模型和卷积神经网络模型，并分别对其性能进行了评价。我们也了解到，对于视频处理类问题，卷积神经网络模型并不一定一直具有良好的性能。对于模型性能的判断，需要以模型的测试数据为参考，但由于构成模型的参数很多样，所以在搭建前，建议大家根据数据的特征选择合适的模型。

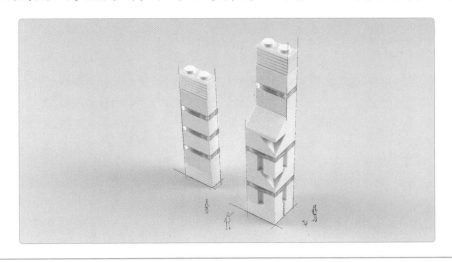

4.5 输入视频预测二元分类问题的模型示例

本节将讨论输入视频预测二元分类问题的相关模型。首先，使用手写数字数据集 MNIST，区分奇数和偶数两个分类并生成数据集，然后搭建并训练多层感应器神经网络模型和卷积神经网络模型。该模型用于将随机的视频区分为 A 或 B，以及区分正负样本。例如，可用于以下问题：

- ❑ 根据输入的脸部照片识别性别
- ❑ 根据输入的配件照片识别优劣
- ❑ 根据医疗视频判断是否患病

4.5.1 准备数据集

我们将使用 Keras 中提供的手写数字数据集 MNIST。初始标签值指定为 0~9 的整数。为进行数据正则化，将其除以 255.0。以下是生成多层感知器神经网络模型输入数据集的代码。

```
(x_train, y_train), (x_test, y_test) = mnist.load_data()
x_train = x_train.reshape(60000, width*height).astype('float32') / 255.0
x_test = x_test.reshape(10000, width*height)/astype('float32') / 255.0
```

以下是生成卷积神经网络模型输入数据集的代码。由样本数、宽度、高度、信道数共 4 维数组构成。

```
x_train = x_train.reshape(60000, width, height, 1).astype('float32') / 255.0
x_test = x_test.reshape(10000, width, height, 1)/astype('float32') / 255.0
```

下面将训练集重新分为 50 000 个训练集和 10 000 个验证集。

```
x_val = x_train[50000:]
y_val = y_train[50000:]
x_train = x_train[:50000]
y_train = y_train[:50000]
```

多元分类问题中的标签值指定为 0~9，但此处改为奇数 / 偶数的二元分类标签值。1 代表奇数，2 代表偶数。

```
y_train = y_train % 2
y_val = y_val % 2
y_test = y_test % 2
```

下面将生成的一部分数据集进行可视化操作。

```
%matplotlib inline
import matplotlib.pyplot as plt

plt_row = 5
plt_col = 5

plt.rcParams["figure.figsize"] = (10,10)

f, axarr = plt.subplots(plt_row, plt_col)

for i in range(plt_row*plt_col):
    sub_plt = axarr[i//plt_row, i%plt_col]
    sub_plt.axis('off')
    sub_plt.imshow(x_test[i].reshape(width, height))

    sub_plt_title = 'R: '

    if y_test[i] :
        sub_plt_title += 'odd '
    else:
        sub_plt_title += 'even '

    sub_plt.set_title(sub_plt_title)

plt.show()
```

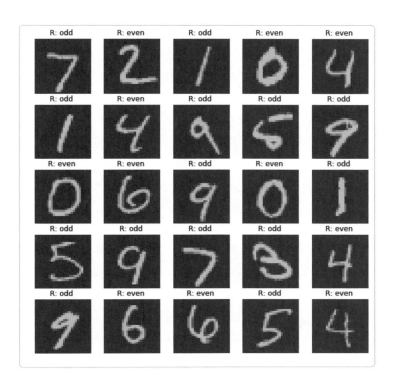

4.5.2 准备层

本节新介绍的模块是 Dropout 层。

模　　块	名　　称	说　　明
	Dropout	为防止发生过拟合，在模型训练过程中，按照一定的概率随机排除一部分输入神经元（一维）暂时从网络中丢弃
	Dropout	为防止发生过拟合，在模型训练过程中，按照一定的概率随机排除一部分输入神经元（二维）暂时从网络中丢弃

4.5.3 准备模型

为解决根据输入的视频进行二元分类的问题，我们准备了多层感知器神经网络模型、卷积神经网络模型、深度卷积神经网络模型。

- 多层感知器神经网络模型

```
model = Sequential()
model.add(Dense(256, input_dim=width*height, activation='relu'))
model.add(Dense(256, activation='relu'))
model.add(Dense(256, activation='relu'))
model.add(Dense(1, activation='sigmoid'))
```

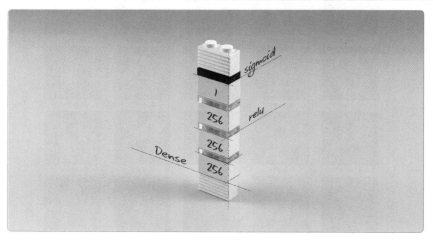

- 卷积神经网络模型

```
model = Sequential()
model.add(Conv2D(32, (3, 3), activation='relu', input_shape=(width, height, 1)))
model.add(MaxPooling2D(pool_size=(2, 2)))
model.add(Conv2D(32, (3, 3), activation='relu'))
model.add(MaxPooling2D(pool_size=(2, 2)))
model.add(Flatten())
model.add(Dense(256, activation='relu'))
model.add(Dense(1, activation='sigmoid'))
```

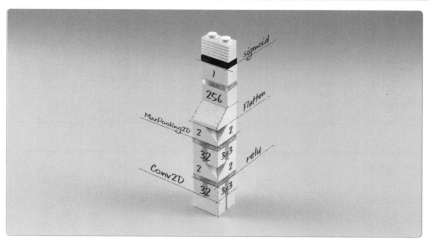

- 深度卷积神经网络模型

```
model = Sequential()
model.add(Conv2D(32, (3, 3), activation='relu', input_shape=(width, height, 1)))
model.add(Conv2D(32, (3, 3), activation='relu'))
model.add(MaxPooling2D(pool_size=(2, 2)))
model.add(Dropout(0.25))
model.add(Conv2D(64, (3, 3), activation='relu'))
model.add(Conv2D(64, (3, 3), activation='relu'))
model.add(MaxPooling2D(pool_size=(2, 2)))
model.add(Dropout(0.25))
model.add(Flatten())
model.add(Dense(256, activation='relu'))
model.add(Dropout(0.5))
model.add(Dense(1, activation='sigmoid'))
```

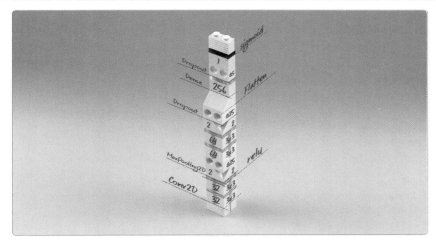

4.5.4 全部代码

前面提到的多层感应器神经网络模型、卷积神经网络模型、深度卷积神经网络模型的全部代码如下。

- 多层感应器神经网络模型

```
# 0. 调用要使用的包
from keras.utils import np_utils
from keras.datasets import mnist
from keras.models import Sequential
from keras.layers import Dense, Activation

width = 28
height = 28

# 1. 生成数据集
```

```python
# 调用训练集和测试集
(x_train, y_train), (x_test, y_test) = mnist.load_data()
x_train = x_train.reshape(60000, width*height).astype('float32') / 255.0
x_test = x_test.reshape(10000, width*height).astype('float32') / 255.0

# 分离训练集和验证集
x_val = x_train[50000:]
y_val = y_train[50000:]
x_train = x_train[:50000]
y_train = y_train[:50000]

# 数据集预处理：奇数转换为 1，偶数转换为 0
y_train = y_train % 2
y_val = y_val % 2
y_test = y_test % 2

# 2. 搭建模型
model = Sequential()
model.add(Dense(256, input_dim=width*height, activation='relu'))
model.add(Dense(256, activation='relu'))
model.add(Dense(256, activation='relu'))
model.add(Dense(1, activation='sigmoid'))

# 3. 设置模型训练过程
model.compile(loss='binary_crossentropy', optimizer='sgd', metrics=['accuracy'])

# 4. 训练模型
hist = model.fit(x_train, y_train, epochs=30, batch_size=32, validation_data=(x_val, y_val))

# 5. 查看训练过程
%matplotlib inline
import matplotlib.pyplot as plt

fig, loss_ax = plt.subplots()

acc_ax = loss_ax.twinx()

loss_ax.plot(hist.history['loss'], 'y', label='train loss')
loss_ax.plot(hist.history['val_loss'], 'r', label='val loss')
loss_ax.set_ylim([0.0, 0.5])

acc_ax.plot(hist.history['acc'], 'b', label='train acc')
acc_ax.plot(hist.history['val_acc'], 'g', label='val acc')
acc_ax.set_ylim([0.8, 1.0])

loss_ax.set_xlabel('epoch')
loss_ax.set_ylabel('loss')
acc_ax.set_ylabel('accuracy')

loss_ax.legend(loc='upper left')
acc_ax.legend(loc='lower left')

plt.show()

# 6. 评价模型
loss_and_metrics = model.evaluate(x_test, y_test, batch_size=32)
```

```
print('## evaluation loss and_metrics ##')
print(loss_and_metrics)

# 7. 调用模型
yhat_test = model.predict(x_test, batch_size=32)

%matplotlib inline
import matplotlib.pyplot as plt

plt_row = 5
plt_col = 5

plt.rcParams["figure.figsize"] = (10,10)

f, axarr = plt.subplots(plt_row, plt_col)

for i in range(plt_row*plt_col):
    sub_plt = axarr[i//plt_row, i%plt_col]
    sub_plt.axis('off')
    sub_plt.imshow(x_test[i].reshape(width, height))

    sub_plt_title = 'R: '

    if y_test[i] :
        sub_plt_title += 'odd '
    else:
        sub_plt_title += 'even '

    sub_plt_title += 'P: '

    if yhat_test[i] >= 0.5 :
        sub_plt_title += 'odd '
    else:
        sub_plt_title += 'even '

    sub_plt.set_title(sub_plt_title)

plt.show()
```

```
Train on 50000 samples, validate on 10000 samples
Epoch 1/30
50000/50000 [==============================] - 5s - loss: 0.2916 - acc: 0.8838 - val_loss:
0.1549 - val_acc: 0.9434
Epoch 2/30
50000/50000 [==============================] - 4s - loss: 0.1247 - acc: 0.9566 - val_loss:
0.0959 - val_acc: 0.9679
Epoch 3/30
50000/50000 [==============================] - 5s - loss: 0.0884 - acc: 0.9697 - val_loss:
0.0871 - val_acc: 0.9718
...
Epoch 28/30
50000/50000 [==============================] - 5s - loss: 0.0014 - acc: 1.0000 - val_loss:
0.0717 - val_acc: 0.9832
Epoch 29/30
50000/50000 [==============================] - 4s - loss: 0.0011 - acc: 1.0000 - val_loss:
0.0715 - val_acc: 0.9831
```

```
Epoch 30/30
50000/50000 [==============================] - 4s - loss: 9.9662e-04 - acc: 1.0000 - val_loss:
0.0733 - val_acc: 0.9837
 9664/10000 [=========================>..] - ETA: 0s## evaluation loss and_metrics ##
[0.054539599350485697, 0.98660000000000003]
```

比较测试集的一部分预测结果。25 个样本中，除第 9 个样本外，其他预测结果都是准确的。

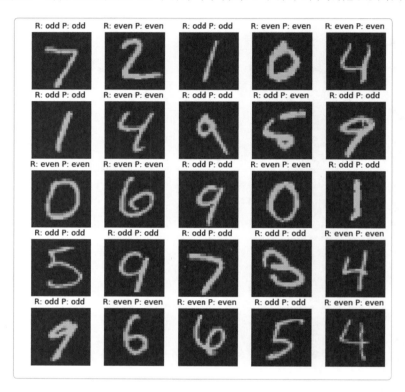

● 卷积神经网络模型

```
# 0. 调用要使用的包
from keras.utils import np_utils
from keras.datasets import mnist
from keras.models import Sequential
from keras.layers import Dense, Activation
from keras.layers import Conv2D, MaxPooling2D, Flatten


width = 28
height = 28


# 1. 生成数据集

# 调用训练集和测试集
(x_train, y_train), (x_test, y_test) = mnist.load_data()
x_train = x_train.reshape(60000, width, height, 1).astype('float32') / 255.0
```

```python
x_test = x_test.reshape(10000, width, height, 1).astype('float32') / 255.0

# 分离训练集和验证集
x_val = x_train[50000:]
y_val = y_train[50000:]
x_train = x_train[:50000]
y_train = y_train[:50000]

# 数据集预处理：奇数转换为1，偶数转换为0
y_train = y_train % 2
y_val = y_val % 2
y_test = y_test % 2

# 2. 搭建模型
model = Sequential()
model.add(Conv2D(32, (3, 3), activation='relu', input_shape=(width, height, 1)))
model.add(MaxPooling2D(pool_size=(2, 2)))
model.add(Conv2D(32, (3, 3), activation='relu'))
model.add(MaxPooling2D(pool_size=(2, 2)))
model.add(Flatten())
model.add(Dense(256, activation='relu'))
model.add(Dense(1, activation='sigmoid'))

# 3. 设置模型训练过程
model.compile(loss='binary_crossentropy', optimizer='sgd', metrics=['accuracy'])

# 4. 训练模型
hist = model.fit(x_train, y_train, epochs=30, batch_size=32, validation_data=(x_val, y_val))

# 5. 查看训练过程
%matplotlib inline
import matplotlib.pyplot as plt

fig, loss_ax = plt.subplots()

acc_ax = loss_ax.twinx()

loss_ax.plot(hist.history['loss'], 'y', label='train loss')
loss_ax.plot(hist.history['val_loss'], 'r', label='val loss')
loss_ax.set_ylim([0.0, 0.5])

acc_ax.plot(hist.history['acc'], 'b', label='train acc')
acc_ax.plot(hist.history['val_acc'], 'g', label='val acc')
acc_ax.set_ylim([0.8, 1.0])

loss_ax.set_xlabel('epoch')
loss_ax.set_ylabel('loss')
acc_ax.set_ylabel('accuracy')

loss_ax.legend(loc='upper left')
acc_ax.legend(loc='lower left')

plt.show()

# 6. 评价模型
loss_and_metrics = model.evaluate(x_test, y_test, batch_size=32)
```

```
print('## evaluation loss and_metrics ##')
print(loss_and_metrics)

# 7. 调用模型
yhat_test = model.predict(x_test, batch_size=32)

%matplotlib inline
import matplotlib.pyplot as plt

plt_row = 5
plt_col = 5

plt.rcParams["figure.figsize"] = (10,10)

f, axarr = plt.subplots(plt_row, plt_col)

for i in range(plt_row*plt_col):
    sub_plt = axarr[i//plt_row, i%plt_col]
    sub_plt.axis('off')
    sub_plt.imshow(x_test[i].reshape(width, height))

    sub_plt_title = 'R: '

    if y_test[i] :
        sub_plt_title += 'odd '
    else:
        sub_plt_title += 'even '

    sub_plt_title += 'P: '

    if yhat_test[i] >= 0.5 :
        sub_plt_title += 'odd '
    else:
        sub_plt_title += 'even '

    sub_plt.set_title(sub_plt_title)

plt.show()
```

```
Train on 50000 samples, validate on 10000 samples
Epoch 1/30
50000/50000 [==============================] - 21s - loss: 0.3355 - acc: 0.8635 - val_loss:
0.1881 - val_acc: 0.9314
Epoch 2/30
50000/50000 [==============================] - 23s - loss: 0.1310 - acc: 0.9528 - val_loss:
0.0873 - val_acc: 0.9705
Epoch 3/30
50000/50000 [==============================] - 21s - loss: 0.0929 - acc: 0.9669 - val_loss:
0.0700 - val_acc: 0.9758
...
Epoch 28/30
50000/50000 [==============================] - 21s - loss: 0.0126 - acc: 0.9958 - val_loss:
0.0275 - val_acc: 0.9915
Epoch 29/30
50000/50000 [==============================] - 21s - loss: 0.0117 - acc: 0.9963 - val_loss:
0.0278 - val_acc: 0.9916
```

```
Epoch 30/30
50000/50000 [==============================] - 21s - loss: 0.0112 - acc: 0.9964 - val_loss:
0.0380 - val_acc: 0.9886
 9728/10000 [=========================>.] - ETA: 0s## evaluation loss and_metrics ##
[0.033111137489188695, 0.98819999999999997]
```

比较测试集的一部分预测结果。与"多层感知器神经网络模型"相同，25 个样本中，除第
9 个样本外，其他预测结果都是准确的。

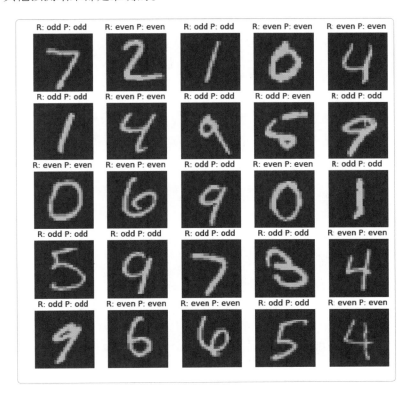

- 深度卷积神经网络模型

```
# 0. 调用要使用的包
from keras.utils import np_utils
from keras.datasets import mnist
from keras.models import Sequential
from keras.layers import Dense, Activation
from keras.layers import Conv2D, MaxPooling2D, Flatten
from keras.layers import Dropout


width = 28
height = 28


# 1. 生成数据集
```

```python
# 调用训练集和测试集
(x_train, y_train), (x_test, y_test) = mnist.load_data()
x_train = x_train.reshape(60000, width, height, 1).astype('float32') / 255.0
x_test = x_test.reshape(10000, width, height, 1).astype('float32') / 255.0

# 分离训练集和验证集
x_val = x_train[50000:]
y_val = y_train[50000:]
x_train = x_train[:50000]
y_train = y_train[:50000]

# 数据集预处理：奇数转换为1，偶数转换为0。
y_train = y_train % 2
y_val = y_val % 2
y_test = y_test % 2

# 2. 搭建模型
model = Sequential()
model.add(Conv2D(32, (3, 3), activation='relu', input_shape=(width, height, 1)))
model.add(Conv2D(32, (3, 3), activation='relu'))
model.add(MaxPooling2D(pool_size=(2, 2)))
model.add(Dropout(0.25))
model.add(Conv2D(64, (3, 3), activation='relu'))
model.add(Conv2D(64, (3, 3), activation='relu'))
model.add(MaxPooling2D(pool_size=(2, 2)))
model.add(Dropout(0.25))
model.add(Flatten())
model.add(Dense(256, activation='relu'))
model.add(Dropout(0.5))
model.add(Dense(1, activation='sigmoid'))

# 3. 设置模型训练过程
model.compile(loss='binary_crossentropy', optimizer='sgd', metrics=['accuracy'])

# 4. 训练模型
hist = model.fit(x_train, y_train, epochs=30, batch_size=32, validation_data=(x_val, y_val))

# 5. 查看训练过程
%matplotlib inline
import matplotlib.pyplot as plt

fig, loss_ax = plt.subplots()

acc_ax = loss_ax.twinx()

loss_ax.plot(hist.history['loss'], 'y', label='train loss')
loss_ax.plot(hist.history['val_loss'], 'r', label='val loss')
loss_ax.set_ylim([0.0, 0.5])

acc_ax.plot(hist.history['acc'], 'b', label='train acc')
acc_ax.plot(hist.history['val_acc'], 'g', label='val acc')
acc_ax.set_ylim([0.8, 1.0])

loss_ax.set_xlabel('epoch')
loss_ax.set_ylabel('loss')
acc_ax.set_ylabel('accuracy')
```

```python
loss_ax.legend(loc='upper left')
acc_ax.legend(loc='lower left')

plt.show()

# 6. 评价模型
loss_and_metrics = model.evaluate(x_test, y_test, batch_size=32)
print('## evaluation loss and_metrics ##')
print(loss_and_metrics)

# 7. 调用模型
yhat_test = model.predict(x_test, batch_size=32)

%matplotlib inline
import matplotlib.pyplot as plt

plt_row = 5
plt_col = 5

plt.rcParams["figure.figsize"] = (10,10)

f, axarr = plt.subplots(plt_row, plt_col)

for i in range(plt_row*plt_col):
    sub_plt = axarr[i//plt_row, i%plt_col]
    sub_plt.axis('off')
    sub_plt.imshow(x_test[i].reshape(width, height))

    sub_plt_title = 'R: '

    if y_test[i] :
        sub_plt_title += 'odd '
    else:
        sub_plt_title += 'even '

    sub_plt_title += 'P: '

    if yhat_test[i] >= 0.5 :
        sub_plt_title += 'odd '
    else:
        sub_plt_title += 'even '

    sub_plt.set_title(sub_plt_title)

plt.show()
```

```
Train on 50000 samples, validate on 10000 samples
Epoch 1/30
50000/50000 [==============================] - 92s - loss: 0.4378 - acc: 0.7928 - val_loss:
0.1836 - val_acc: 0.9340
Epoch 2/30
50000/50000 [==============================] - 91s - loss: 0.1907 - acc :0.9273 - val_loss:
0.0861 - val_acc: 0.9702
Epoch 3/30
50000/50000 [==============================] - 91s - loss: 0.1234 - acc: 0.9556 - val_loss:
0.0638 - val_acc: 0.9768
```

```
...
Epoch 28/30
50000/50000 [==============================] - 160s - loss: 0.0240 - acc: 0.9917 - val_loss:
0.0222 - val_acc: 0.9940
Epoch 29/30
50000/50000 [==============================] - 160s - loss: 0.0232 - acc: 0.9924 - val_loss:
0.0234 - val_acc: 0.9940
Epoch 30/30
50000/50000 [==============================] - 161s - loss: 0.0231 - acc: 0.9922 - val_loss:
0.0223 - val_acc: 0.9936
10000/10000 [==============================] - 9s
## evaluation loss and_metrics ##
[0.012519296416157158, 0.99619999999999997]
```

比较测试集的一部分预测结果。前面模型中预测失误的第 9 个样本在该模型的预测结果是准确的。

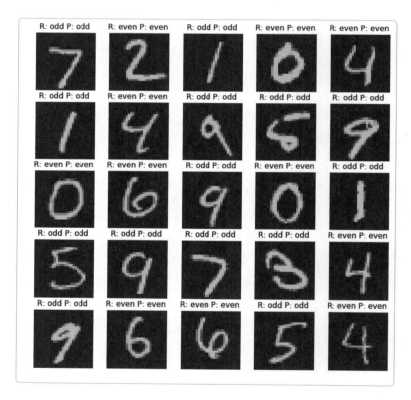

4.5.5　训练结果比较

多层感知器神经网络模型的训练准确率随着验证损失值的提高出现了过拟合现象。相比于多层感知器神经网络模型，卷积神经网络模型的性能更优。得益于 Dropout 层，深度卷积神经网络模型没有发生过拟合现象，验证损失值持续下降。

多层感知器神经网络模型	卷积神经网络模型	深度卷积神经网络模型
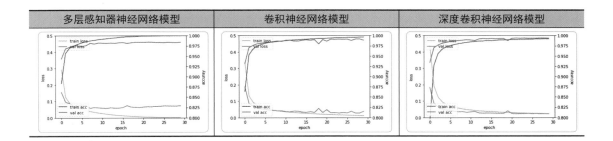		

小结

　　本节为解决通过输入的视频进行二元分类的问题搭建了多层感知器神经网络模型、卷积神经网络模型以及深度卷积神经网络模型，并分别查看了各自的性能。

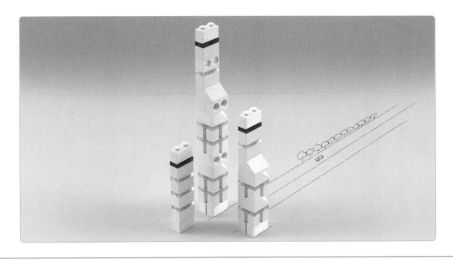

4.6 输入视频预测多元分类问题的模型示例

　　本节将讨论输入视频预测多元分类问题的相关模型。我们将使用手写数字数据集 MNIST，搭建并训练多层感应器神经网络模型和卷积神经网络模型。该模型可以用于以下问题：

- ❏ 区分亚洲人的面部照片
- ❏ 区分显微镜影像中的细菌种类
- ❏ 区分智能手机拍摄的植物种类
- ❏ 区分气象卫星影像中的台风类型

4.6.1 准备数据集

我们将使用 Keras 函数中提供的手写数字数据集 MNIST。将初始标签值指定为 0~9 的整数。为进行数据正则化,将其除以 255.0。以下是生成多层感知器神经网络模型输入数据集的代码。

```
(x_train, y_train), (x_test, y_test) = mnist.load_data()
x_train = x_train.reshape(60000, width*height).astype('float32') / 255.0
x_test = x_test.reshape(10000, width*height).astype('float32') / 255.0
```

以下是生成卷积神经网络模型输入数据集的代码。由样本数、宽度、高度、信道数共 4 维数组构成。

```
x_train = x_train.reshape(60000, width, height, 1).astype('float32') / 255.0
x_test = x_test.reshape(10000, width, height, 1).astype('float32') / 255.0
```

下面将训练集重新分离为 50 000 个训练集和 10 000 个验证集。

```
x_val = x_train[50000:]
y_val = y_train[50000:]
x_train = x_train[:50000]
y_train = y_train[:50000]
```

将多元分类问题中的标签值指定为 0~9,并对标签进行独热编码处理。

```
y_train = np_utils.to_categorical(y_train)
y_val = np_utils.to_categorical(y_val)
y_test = np_utils.to_categorical(y_test)
```

对生成的一部分数据集进行可视化操作。

```
%matplotlib inline
import matplotlib.pyplot as plt

plt_row = 5
plt_col = 5

plt.rcParams["figure.figsize"] = (10,10)

f, axarr = plt.subplots(plt_row, plt_col)

for i in range(plt_row*plt_col):

    sub_plt = axarr[i//plt_row, i%plt_col]
    sub_plt.axis('off')
    sub_plt.imshow(x_test[i].reshape(width, height))
    sub_plt_title = 'R: ' + str(np.argmax(y_test[i]))
    sub_plt.set_title(sub_plt_title)

plt.show()
```

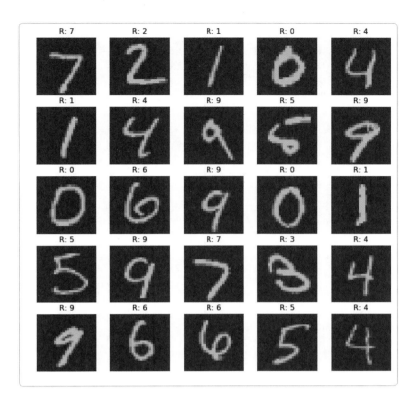

4.6.2 准备层

本节没有新模块，将使用前面介绍过的模块搭建模型。

4.6.3 准备模型

为解决根据输入的视频进行多元分类的问题，我们准备了多层感知器神经网络模型、卷积神经网络模型、深度卷积神经网络模型。

- **多层感知器神经网络模型**

```
model = Sequential()
model.add(Dense(256, input_dim=width*height, activation='relu'))
model.add(Dense(256, activation='relu'))
model.add(Dense(256, activation='relu'))
model.add(Dense(10, activation='softmax'))
```

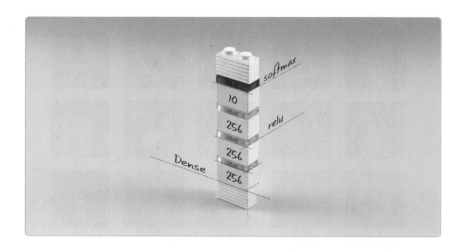

- 卷积神经网络模型

```python
model = Sequential()
model.add(Conv2D(32, (3, 3), activation='relu', input_shape=(width, height, 1)))
model.add(MaxPooling2D(pool_size=(2, 2)))
model.add(Conv2D(32, (3, 3), activation='relu'))
model.add(MaxPooling2D(pool_size=(2, 2)))
model.add(Flatten())
model.add(Dense(256, activation='relu'))
model.add(Dense(10, activation='softmax'))
```

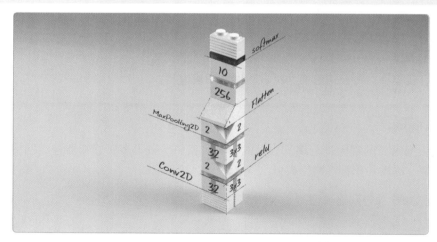

- 深度卷积神经网络模型

```python
model = Sequential()
model.add(Conv2D(32, (3, 3), activation='relu', input_shape=(width, height, 1)))
model.add(Conv2D(32, (3, 3), activation='relu'))
model.add(MaxPooling2D(pool_size=(2, 2)))
model.add(Dropout(0.25))
```

```python
model.add(Conv2D(64, (3, 3), activation='relu'))
model.add(Conv2D(64, (3, 3), activation='relu'))
model.add(MaxPooling2D(pool_size=(2, 2)))
model.add(Dropout(0.25))
model.add(Flatten())
model.add(Dense(256, activation='relu'))
model.add(Dropout(0.5))
model.add(Dense(10, activation='softmax'))
```

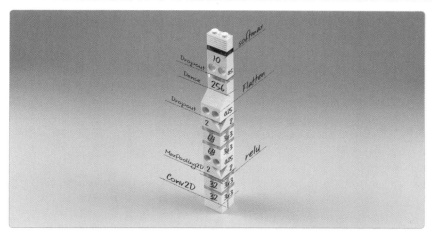

4.6.4 全部代码

前面提到的多层感应器神经网络模型、卷积神经网络模型、深度卷积神经网络模型的全部代码如下。

- 多层感应器神经网络模型

```python
# 0. 调用要使用的包
import numpy as np

from keras.utils import np_utils
from keras.datasets import mnist
from keras.models import Sequential
from keras.layers import Dense, Activation

width = 28
height = 28

# 1. 生成数据集

# 调用训练集和测试集
(x_train, y_train), (x_test, y_test) = mnist.load_data()
x_train = x_train.reshape(60000, width*height).astype('float32') / 255.0
x_test = x_test.reshape(10000, width*height).astype('float32') / 255.0
```

```python
# 分离训练集和验证集
x_val = x_train[50000:]
y_val = y_train[50000:]
x_train = x_train[:50000]
y_train = y_train[:50000]

# 数据集预处理：独热编码
y_train = np_utils.to_categorical(y_train)
y_val = np_utils.to_categorical(y_val)
y_test = np_utils.to_categorical(y_test)

# 2. 搭建模型
model = Sequential()
model.add(Dense(256, input_dim=width*height, activation='relu'))
model.add(Dense(256, activation='relu'))
model.add(Dense(256, activation='relu'))
model.add(Dense(10, activation='softmax'))

# 3. 设置模型训练过程
model.compile(loss='categorical_crossentropy', optimizer='sgd', metrics=['accuracy'])

# 4. 训练模型
hist = model.fit(x_train, y_train, epochs=30, batch_size=32, validation_data=(x_val, y_val))

# 5. 查看训练过程
%matplotlib inline
import matplotlib.pyplot as plt

fig, loss_ax = plt.subplots()

acc_ax = loss_ax.twinx()

loss_ax.plot(hist.history['loss'], 'y', label='train loss')
loss_ax.plot(hist.history['val_loss'], 'r', label='val loss')
loss_ax.set_ylim([0.0, 0.5])

acc_ax.plot(hist.history['acc'], 'b', label='train acc')
acc_ax.plot(hist.history['val_acc'], 'g', label='val acc')
acc_ax.set_ylim([0.8, 1.0])

loss_ax.set_xlabel('epoch')
loss_ax.set_ylabel('loss')
acc_ax.set_ylabel('accuracy')

loss_ax.legend(loc='upper left')
acc_ax.legend(loc='lower left')

plt.show()

# 6. 评价模型
loss_and_metrics = model.evaluate(x_test, y_test, batch_size=32)
print('## evaluation loss and_metrics ##')
print(loss_and_metrics)

# 7. 调用模型
yhat_test = model.predict(x_test, batch_size=32)
```

```
%matplotlib inline
import matplotlib.pyplot as plt

plt_row = 5
plt_col = 5

plt.rcParams["figure.figsize"] = (10,10)

f, axarr = plt.subplots(plt_row, plt_col)

cnt = 0
i = 0

while cnt < (plt_row*plt_col):

    if np.argmax(y_test[i]) == np.argmax(yhat_test[i]):
        i += 1
        continue

    sub_plt = axarr[cnt//plt_row, cnt%plt_col]
    sub_plt.axis('off')
    sub_plt.imshow(x_test[i].reshape(width, height))
    sub_plt_title = 'R: ' + str(np.argmax(y_test[i])) + 'P: ' + str(np.argmax(yhat_test[i]))
    sub_plt.set_title(sub_plt_title)

    i += 1
    cnt += 1

plt.show()
```

```
Train on 50000 samples, validate on 10000 samples
Epoch 1/30
50000/50000 [==============================] - 5s - loss: 0.6887 - acc: 0.8239 - val_loss:
0.2998 - val_acc: 0.9135
Epoch 2/30
50000/50000 [==============================] - 4s - loss: 0.2885 - acc: 0.9166 - val_loss:
0.2363 - val_acc: 0.9299
Epoch 3/30
50000/50000 [==============================] - 5s - loss: 0.2297 - acc: 0.9337 - val_loss:
0.1961 - val_acc: 0.9434
...
Epoch 28/30
50000/50000 [==============================] - 4s - loss: 0.0163 - acc: 0.9970 - val_loss:
0.0760 - val_acc: 0.9801
Epoch 29/30
50000/50000 [==============================] - 4s - loss: 0.0152 - acc: 0.9969 - val_loss:
0.0786 - val_acc: 0.9793
Epoch 30/30
50000/50000 [==============================] - 4s - loss: 0.0135 - acc: 0.9977 - val_loss:
0.0807 - val_acc: 0.9789
 8864/10000 [=========================>....] - ETA: 0s## evaluation loss and_metrics ##
[0.080654500093613746, 0.97560000000000002]
```

下面输入测试集，仅将预测结果与实际结果不符的数据列出来。在分类处理中，类型较为模糊的数据比较多，模型预测失误的情况也比较多。

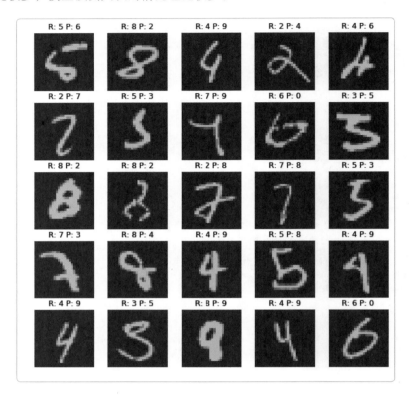

- 卷积神经网络模型

```
# 0. 调用要使用的包
import numpy as np
from keras.utils import np_utils
from keras.datasets import mnist
from keras.models import Sequential
from keras.layers import Dense, Activation
from keras.layers import Conv2D, MaxPooling2D, Flatten


width = 28
height = 28

# 1. 生成数据集

# 调用训练集和测试集
(x_train, y_train), (x_test, y_test) = mnist.load_data()
x_train = x_train.reshape(60000, width, height, 1).astype('float32') / 255.0
x_test = x_test.reshape(10000, width, height, 1).astype('float32') / 255.0

# 分离训练集和验证集
x_val = x_train[50000:]
```

```
y_val = y_train[50000:]
x_train = x_train[:50000]
y_train = y_train[:50000]

# 数据集预处理：独热编码
y_train = np_utils.to_categorical(y_train)
y_val = np_utils.to_categorical(y_val)
y_test = np_utils.to_categorical(y_test)

# 2. 搭建模型
model = Sequential()
model.add(Conv2D(32, (3, 3), activation='relu', input_shape=(width, height, 1)))
model.add(MaxPooling2D(pool_size=(2, 2)))
model.add(Conv2D(32, (3, 3), activation='relu'))
model.add(MaxPooling2D(pool_size=(2, 2)))
model.add(Flatten())
model.add(Dense(256, activation='relu'))
model.add(Dense(10, activation='softmax'))

# 3. 设置模型训练过程
model.compile(loss='categorical_crossentropy', optimizer='sgd', metrics=['accuracy'])

# 4. 训练模型
hist = model.fit(x_train, y_train, epochs=30, batch_size=32, validation_data=(x_val, y_val))

# 5. 查看训练过程
%matplotlib inline
import matplotlib.pyplot as plt

fig, loss_ax = plt.subplots()

acc_ax = loss_ax.twinx()

loss_ax.plot(hist.history['loss'], 'y', label='train loss')
loss_ax.plot(hist.history['val_loss'], 'r', label='val loss')
loss_ax.set_ylim([0.0, 0.5])

acc_ax.plot(hist.history['acc'], 'b', label='train acc')
acc_ax.plot(hist.history['val_acc'], 'g', label='val acc')
acc_ax.set_ylim([0.8, 1.0])

loss_ax.set_xlabel('epoch')
loss_ax.set_ylabel('loss')
acc_ax.set_ylabel('accuracy')

loss_ax.legend(loc='upper left')
acc_ax.legend(loc='lower left')

plt.show()

# 6. 评价模型
loss_and_metrics = model.evaluate(x_test, y_test, batch_size=32)
print('## evaluation loss and_metrics ##')
print(loss_and_metrics)
```

```
# 7. 调用模型
yhat_test = model.predict(x_test, batch_size=32)

%matplotlib inline
import matplotlib.pyplot as plt

plt_row = 5
plt_col = 5

plt.rcParams["figure.figsize"] = (10,10)

f, axarr = plt.subplots(plt_row, plt_col)

cnt = 0
i = 0

while cnt < (plt_row*plt_col):

    if np.argmax(y_test[i]) == np.argmax(yhat_test[i]):
        i += 1
        continue

    sub_plt = axarr[cnt//plt_row, cnt%plt_col]
    sub_plt.axis('off')
    sub_plt.imshow(x_test[i].reshape(width, height))
    sub_plt_title = 'R: ' + str(np.argmax(y_test[i])) + 'P: ' + str(np.argmax(yhat_test[i]))
    sub_plt.set_title(sub_plt_title)

    i += 1
    cnt += 1

plt.show()


Train on 50000 samples, validate on 10000 samples
Epoch 1/30
50000/50000 [==============================] - 5s - loss: 0.6887 - acc: 0.8239 - val_loss:
0.2998 - val_acc: 0.9135
Epoch 2/30
50000/50000 [==============================] - 4s - loss: 0.2885 - acc: 0.9166 - val_loss:
0.2363 - val_acc: 0.9299
Epoch 3/30
50000/50000 [==============================] - 5s - loss: 0.2297 - acc: 0.9337 - val_loss:
0.1961 - val_acc: 0.9434
...
Epoch 28/30
50000/50000 [==============================] - 23s - loss: 0.0128 - acc: 0.9961 - val_loss:
0.0517 - val_acc: 0.9869
Epoch 29/30
50000/50000 [==============================] - 23s - loss: 0.0110 - acc: 0.9969 - val_loss:
0.0498 - val_acc: 0.9877
Epoch 30/30
50000/50000 [==============================] - 22s - loss: 0.0104 - acc: 0.9971 - val_loss:
0.0581 - val_acc: 0.9852
 9728/10000 [==========================>.] - ETA: 0s## evaluation loss and_metrics ##
[0.044951398478045301, 0.98529999999999995]
```

下面输入测试集，仅将预测结果与实际结果不符的数据列出来。类型较为模糊的数据逐渐增多。

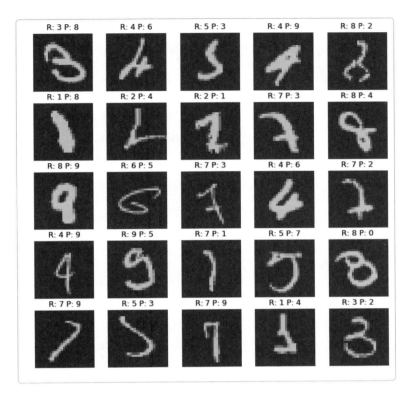

- 深度卷积神经网络模型

```
# 0. 调用要使用的包
import numpy as np

from keras.utils import np_utils
from keras.datasets import mnist
from keras.models import Sequential
from keras.layers import Dense, Activation
from keras.layers import Conv2D, MaxPooling2D, Flatten
from keras.layers import Dropout

width = 28
height = 28

# 1. 生成数据集

# 调用训练集和测试集
(x_train, y_train), (x_test, y_test) = mnist.load_data()
x_train = x_train.reshape(60000, width, height, 1).astype('float32') / 255.0
x_test = x_test.reshape(10000, width, height, 1).astype('float32') / 255.0
```

```
# 分离训练集和验证集
x_val = x_train[50000:]
y_val = y_train[50000:]
x_train = x_train[:50000]
y_train = y_train[:50000]

# 数据集预处理：独热编码
y_train = np_utils.to_categorical(y_train)
y_val = np_utils.to_categorical(y_val)
y_test = np_utils.to_categorical(y_test)

# 2. 搭建模型
model = Sequential()
model.add(Conv2D(32, (3, 3), activation='relu', input_shape=(width, height, 1)))
model.add(Conv2D(32, (3, 3), activation='relu'))
model.add(MaxPooling2D(pool_size=(2, 2)))
model.add(Dropout(0.25))
model.add(Conv2D(64, (3, 3), activation='relu'))
model.add(Conv2D(64, (3, 3), activation='relu'))
model.add(MaxPooling2D(pool_size=(2, 2)))
model.add(Dropout(0.25))
model.add(Flatten())
model.add(Dense(256, activation='relu'))
model.add(Dropout(0.5))
model.add(Dense(10, activation='softmax'))

# 3. 设置模型训练过程
model.compile(loss='categorical_crossentropy', optimizer='sgd', metrics=['accuracy'])

# 4. 训练模型
hist = model.fit(x_train, y_train, epochs=30, batch_size=32, validation_data=(x_val, y_val))

# 5. 查看训练过程
%matplotlib inline
import matplotlib.pyplot as plt

fig, loss_ax = plt.subplots()

acc_ax = loss_ax.twinx()

loss_ax.plot(hist.history['loss'], 'y', label='train loss')
loss_ax.plot(hist.history['val_loss'], 'r', label='val loss')
loss_ax.set_ylim([0.0, 0.5])

acc_ax.plot(hist.history['acc'], 'b', label='train acc')
acc_ax.plot(hist.history['val_acc'], 'g', label='val acc')
acc_ax.set_ylim([0.8, 1.0])

loss_ax.set_xlabel('epoch')
loss_ax.set_ylabel('loss')
acc_ax.set_ylabel('accuracy')

loss_ax.legend(loc='upper left')
acc_ax.legend(loc='lower left')

plt.show()

# 6. 评价模型
loss_and_metrics = model.evaluate(x_test, y_test, batch_size=32)
```

```
print('## evaluation loss and_metrics ##')
print(loss_and_metrics)

# 7. 调用模型
yhat_test = model.predict(x_test, batch_size=32)

%matplotlib inline
import matplotlib.pyplot as plt

plt_row = 5
plt_col = 5

plt.rcParams["figure.figsize"] = (10,10)

f, axarr = plt.subplots(plt_row, plt_col)

cnt = 0
i = 0

while cnt < (plt_row*plt_col):

    if np.argmax(y_test[i]) == np.argmax(yhat_test[i]):
        i += 1
        continue

    sub_plt = axarr[cnt//plt_row, cnt%plt_col]
    sub_plt.axis('off')
    sub_plt.imshow(x_test[i].reshape(width, height))
    sub_plt_title = 'R: ' + str(np.argmax(y_test[i])) + 'P: ' + str(np.argmax(yhat_test[i]))
    sub_plt.set_title(sub_plt_title)

    i += 1
    cnt += 1

plt.show()


Train on 50000 samples, validate on 10000 samples
Epoch 1/30
50000/50000 [==============================] - 5s - loss: 0.6887 - acc: 0.8239 - val_loss:
0.2998 - val_acc: 0.9135
Epoch 2/30
50000/50000 [==============================] - 4s - loss: 0.2885 - acc: 0.9166 - val_loss:
0.2363 - val_acc: 0.9299
Epoch 3/30
50000/50000 [==============================] - 5s - loss: 0.2297 - acc: 0.9337 - val_loss:
0.1961 - val_acc: 0.9434
...
Epoch 28/30
50000/50000 [==============================] - 95s - loss: 0.0385 - acc: 0.9876 - val_loss:
0.0302 - val_acc: 0.9914
Epoch 29/30
50000/50000 [==============================] - 99s - loss: 0.0379 - acc: 0.9880 - val_loss:
0.0301 - val_acc: 0.9916
Epoch 30/30
50000/50000 [==============================] - 99s - loss: 0.0380 - acc: 0.9881 - val_loss:
0.0304 - val_acc: 0.9919
 9920/10000 [=========================>.] - ETA: 0s## evaluation loss and_metrics ##
[0.022249554305176208, 0.99260000000000004]
```

下面输入测试集，仅将预测结果与实际结果不符的数据列出来。有很多数据即使通过肉眼都很难区分。

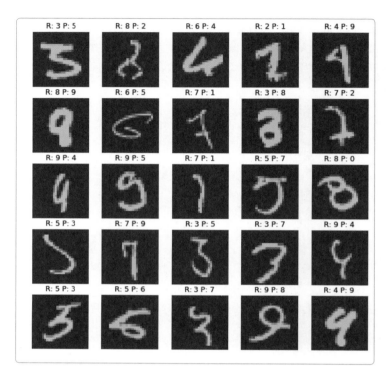

4.6.5 训练结果比较

多层感知器神经网络模型的训练准确率随着验证损失值的提高出现了过拟合现象。相比于多层感知器神经网络模型，卷积神经网络模型的性能更优。得益于 Dropout 层，深度卷积神经网络模型没有发生过拟合现象，验证损失值持续下降。

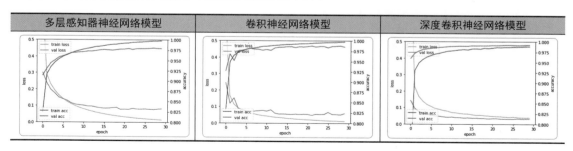

　　本节为解决通过输入的视频进行多元分类的问题，搭建了多层感知器神经网络模型、卷积神经网络模型以及深度卷积神经网络模型，并分别查看了各自的性能。

4.7 输入时间序列数据，预测数值的模型示例

　　本节将讨论输入时间序列数据预测数值的模型示例。对每个模型进行余弦数据训练之后，输入开头的一部分数据，测试模型以余弦数据形态进行预测的准确率情况。

4.7.1 准备数据集

　　首先生成余弦数据。随着时间的推移，余弦振幅在 –1.0~1.0，生成 1600 个实数值。

```
import numpy as np

signal_data = np.cos(np.arange(1600)*(20*np.pi/1000))[:,None]
```

查看生成的数据。

```
%matplotlib inline
import matplotlib.pyplot as plt

plot_x = np.arange(1600)
plot_y = signal_data
plt.plot(plot_x, plot_y)
plt.show()
```

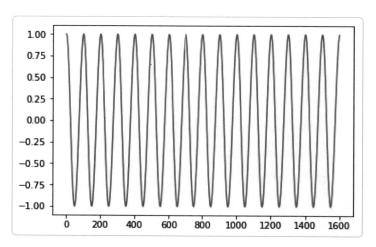

将生成的数据用于训练模型前，需要生成由数据和标签值构成的数据集。这次的问题是根据前半部分数值预测后半部分数值，因此将前半部分数值指定为数据，后半部分数值指定为标签。与其他示例不同的是，此次问题中的数据和标签值的属性是相同的。通过调用以下的 create_dataset 函数，接收输入的时间序列数值，生成数据集。其中的 look_back 参数决定将前半部分多少数值作为数据生成数据集。

```
def create_dataset(signal_data, look_back=1):
    dataX, dataY = [], []
    for i in range(len(signal_data)-look_back):
        dataX.append(signal_data[i:(i+look_back), 0])
        dataY.append(signal_data[i + look_back, 0])
    return np.array(dataX), np.array(dataY)
```

将 –1.0~1.0 的余弦数据正则化为 0.0~1.0 的数据后，分离为训练集和测试集。生成数据集，输入前半部分的 20 个数值，预测后面一个数值。为此，需要将 look_back 参数设置为 40。根据 look_back 参数的不同，模型的性能也会有所不同，所以关键在于指定合适的值。

```
from sklearn.preprocessing import MinMaxScaler

look_back = 40

# 数据预处理
scaler = MinMaxScaler(feature_range=(0, 1))
signal_data = scaler.fit_transform(signal_data)

# 分离数据
train = signal_data[0:800]
val = signal_data[800:1200]
test = signal_data[1200:]

# 生成数据集
x_train, y_train = create_dataset(train, look_back)
x_val, y_val = create_dataset(val, look_back)
x_test, y_test = create_dataset(test, look_back)
```

4.7.2 准备层

本节将要介绍的模块如下。

模　块	名　称	说　明
	LSTM	循环神经网络层之一
	tanh	激活函数，将输入值输出为 –1~1 的值，通常用作 LSTM 的输出激活函数

　　下图是具有 4 个时间步的 LSTM 层。调用 tanh 作为输出激活函数。图片中使用不同模块具象地表示了不同的时间步数，但其实内部的所有模块使用相同的权重。

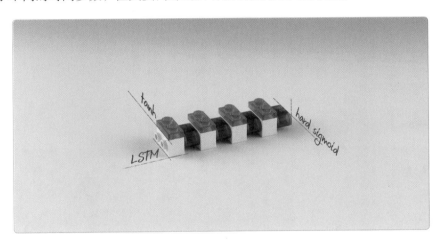

4.7.3 准备模型

　　为解决输入时间序列数据预测数值的问题，我们将使用多层感知器神经网络模型、循环神经网络模型、Stateful 循环神经网络模型、Stateful 叠加循环神经网络模型。

● 多层感知器神经网络模型

```
model = Sequential()
model.add(Dense(32,input_dim=40,activation="relu"))
model.add(Dropout(0.3))
for i in range(2):
```

```
    model.add(Dense(32,activation="relu"))
    model.add(Dropout(0.3))
model.add(Dense(1))
```

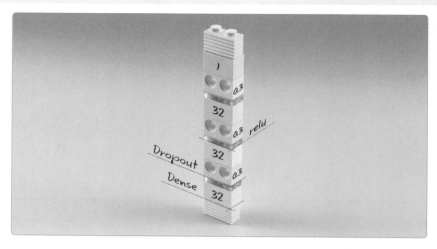

● 循环神经网络模型

我们使用一个 LSTM 层搭建了循环神经网络模型。输出层中需要预测一个数值，因此使用具有一个神经元的 Dense 层。

```
model = Sequential()
model.add(LSTM(32, input_shape=(None, 1)))
model.add(Dropout(0.3))
model.add(Dense(1))
```

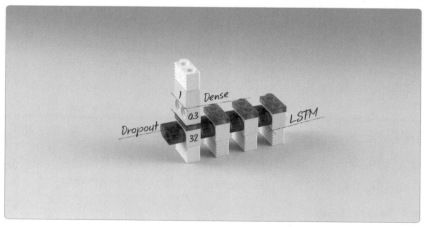

● Stateful 循环神经网络模型

此模型与上面的循环神经网络模型的结构相同，但设置 stateful=True，保持训练状态。在 Stateful 模型中，前一 batch 中的训练状态可以传达给下一个 batch 作为初始状态。

```
model = Sequential()
model.add(LSTM(32, batch_input_shape=(1, look_back, 1), stateful=True))
model.add(Dropout(0.3))
model.add(Dense(1))
```

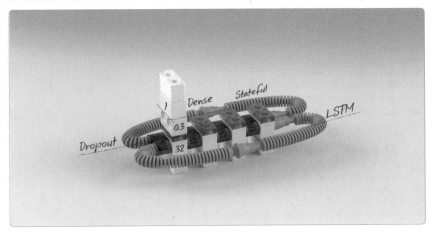

- **Stateful 叠加循环神经网络模型**

该模型是由多层 stateful 循环神经网络叠加而成的。相比于单一层的循环神经网络，这种模型能够得出更有深度的推论。

```
model = Sequential()
for i in range(2):
    model.add(LSTM(32, batch_input_shape=(1, look_back, 1), stateful=True, return_sequences=True))
    model.add(Dropout(0.3))
model.add(LSTM(32, batch_input_shape=(1, look_back, 1), stateful=True))
model.add(Dropout(0.3))
model.add(Dense(1))
```

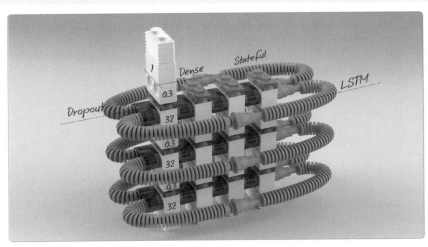

4.7.4 全部代码

前面所讲的多层感知器神经网络模型、循环神经网络模型、Stateful 循环神经网络模型、Stateful 叠加循环神经网络模型的全部代码如下。

- 多层感知器神经网络模型

```python
# 0. 调用要使用的包
import numpy as np
from keras.models import Sequential
from keras.layers import Dense, LSTM, Dropout
from sklearn.preprocessing import MinMaxScaler
import matplotlib.pyplot as plt
%matplotlib inline

def create_dataset(signal_data, look_back=1):
    dataX, dataY = [], []
    for i in range(len(signal_data)-look_back):
        dataX.append(signal_data[i:(i+look_back), 0])
        dataY.append(signal_data[i + look_back, 0])
    return np.array(dataX), np.array(dataY)

look_back = 40

# 1. 生成数据集
signal_data = np.cos(np.arange(1600)*(20*np.pi/1000))[:,None]

# 数据预处理
scaler = MinMaxScaler(feature_range=(0, 1))
signal_data = scaler.fit_transform(signal_data)

# 分离数据
train = signal_data[0:800]
val = signal_data[800:1200]
test = signal_data[1200:]

# 生成数据集
x_train, y_train = create_dataset(train, look_back)
x_val, y_val = create_dataset(val, look_back)
x_test, y_test = create_dataset(test, look_back)

# 数据集预处理
x_train = np.reshape(x_train, (x_train.shape[0], x_train.shape[1], 1))
x_val = np.reshape(x_val, (x_val.shape[0], x_val.shape[1], 1))
x_test = np.reshape(x_test, (x_test.shape[0], x_test.shape[1], 1))

x_train = np.squeeze(x_train)
x_val = np.squeeze(x_val)
x_test = np.squeeze(x_test)

# 2. 搭建模型
model = Sequential()
model.add(Dense(32,input_dim=40,activation="relu"))
model.add(Dropout(0.3))
```

```
for i in range(2):
    model.add(Dense(32,activation="relu"))
    model.add(Dropout(0.3))
model.add(Dense(1))

# 3. 设置模型训练过程
model.compile(loss='mean_squared_error', optimizer='adagrad')

# 4. 训练模型
hist = model.fit(x_train, y_train, epochs=200, batch_size=32, validation_data=(x_val, y_val))

# 5. 查看训练过程
plt.plot(hist.history['loss'])
plt.plot(hist.history['val_loss'])
plt.ylim(0.0, 0.15)
plt.ylabel('loss')
plt.xlabel('epoch')
plt.legend(['train', 'val'], loc='upper left')
plt.show()

# 6. 评价模型
trainScore = model.evaluate(x_train, y_train, verbose=0)
print('Train Score: ', trainScore)
valScore = model.evaluate(x_val, y_val, verbose=0)
print('Validation Score: ', valScore)
testScore = model.evaluate(x_test, y_test, verbose=0)
print('Test Score ', testScore)

# 7. 使用模型
look_ahead = 250
xhat = x_test[0, None]
predictions = np.zeros((look_ahead,1))
for i in range(look_ahead):
    prediction = model.predict(xhat, batch_size=32)
    predictions[i] = prediction
    xhat = np.hstack([xhat[:,1:],prediction])

plt.figure(figsize=(12,5))
plt.plot(np.arange(look_ahead),predictions,'r',label="prediction")
plt.plot(np.arange(look_ahead),y_test[:look_ahead],label="test function")
plt.legend()
plt.show()


Train on 760 samples, validate on 360 samples
Epoch 1/200
760/760 [==============================] - 0s - loss: 0.2163 - val_loss: 0.0322
Epoch 2/200
760/760 [==============================] - 0s - loss: 0.0722 - val_loss: 0.0219
Epoch 3/200
760/760 [==============================] - 0s - loss: 0.0540 - val_loss: 0.0088
...
Epoch 198/200
760/760 [==============================] - 0s - loss: 0.0085 - val_loss: 0.0049
Epoch 199/200
760/760 [==============================] - 0s - loss: 0.0087 - val_loss: 0.0051
Epoch 200/200
760/760 [==============================] - 0s - loss: 0.0091 - val_loss: 0.0045
```

```
('Train Score: ', 0.0043583109031284329)
('Validation Score: ', 0.0045158491573399967)
('Test Score: ', 0.0045158491573399967)
```

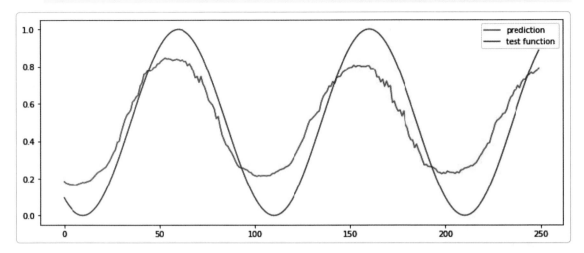

预测结果振幅较小，但周期基本一致。

● 循环神经网络模型

```python
# 0. 调用要使用的包
import numpy as np
from keras.models import Sequential
from keras.layers import Dense, LSTM, Dropout
from sklearn.preprocessing import MinMaxScaler
import matplotlib.pyplot as plt
%matplotlib inline

def create_dataset(signal_data, look_back=1):
    dataX, dataY = [], []
    for i in range(len(signal_data)-look_back):
        dataX.append(signal_data[i:(i+look_back), 0])
        dataY.append(signal_data[i + look_back, 0])
    return np.array(dataX), np.array(dataY)

look_back = 40

# 1. 生成数据集
signal_data = np.cos(np.arange(1600)*(20*np.pi/1000))[:,None]

# 数据预处理
scaler = MinMaxScaler(feature_range=(0, 1))
signal_data = scaler.fit_transform(signal_data)

# 分离数据
train = signal_data[0:800]
val = signal_data[800:1200]
test = signal_data[1200:]
```

```python
# 生成数据集
x_train, y_train = create_dataset(train, look_back)
x_val, y_val = create_dataset(val, look_back)
x_test, y_test = create_dataset(test, look_back)

# 数据集预处理
x_train = np.reshape(x_train, (x_train.shape[0], x_train.shape[1], 1))
x_val = np.reshape(x_val, (x_val.shape[0], x_val.shape[1], 1))
x_test = np.reshape(x_test, (x_test.shape[0], x_test.shape[1], 1))

# 2. 搭建模型
model = Sequential()
model.add(LSTM(32, input_shape=(None, 1)))
model.add(Dropout(0.3))
model.add(Dense(1))

# 3. 设置模型训练过程
model.compile(loss='mean_squared_error', optimizer='adam')

# 4. 训练模型
hist = model.fit(x_train, y_train, epochs=200, batch_size=32, validation_data=(x_val, y_val))

# 5. 查看训练过程
plt.plot(hist.history['loss'])
plt.plot(hist.history['val_loss'])
plt.ylim(0.0, 0.15)
plt.ylabel('loss')
plt.xlabel('epoch')
plt.legend(['train', 'val'], loc='upper left')
plt.show()

# 6. 评价模型
trainScore = model.evaluate(x_train, y_train, verbose=0)
model.reset_states()
print('Train Score: ', trainScore)
valScore = model.evaluate(x_val, y_val, verbose=0)
model.reset_states()
print('Validation Score: ', valScore)
testScore = model.evaluate(x_test, y_test, verbose=0)
model.reset_states()
print('Test Score: ', testScore)

# 7. 使用模型
look_ahead = 250
xhat = x_test[0]
predictions = np.zeros((look_ahead,1))
for i in range(look_ahead):
    prediction = model.predict(np.array([xhat]), batch_size=1)
    predictions[i] = prediction
    xhat = np.vstack([xhat[1:],prediction])

plt.figure(figsize=(12,5))
plt.plot(np.arange(look_ahead),predictions,'r',label="prediction")
plt.plot(np.arange(look_ahead),y_test[:look_ahead],label="test function")
plt.legend()
plt.show()
```

```
Train on 760 samples, validate on 360 samples
Epoch 1/200
760/760 [==============================] - 0s - loss: 0.1458 - val_loss: 0.0340
Epoch 2/200
760/760 [==============================] - 0s - loss: 0.0410 - val_loss: 0.0209
Epoch 3/200
760/760 [==============================] - 0s - loss: 0.0268 - val_loss: 0.0128
...
Epoch 198/200
760/760 [==============================] - 0s - loss: 0.0019 - val_loss: 8.1381e-05
Epoch 199/200
760/760 [==============================] - 0s - loss: 0.0018 - val_loss: 4.1035e-05
Epoch 200/200
760/760 [==============================] - 0s - loss: 0.0018 - val_loss: 7.4891e-05
('Train Score: ', 7.4928388073060068e-05)
('Validation Score: ', 7.4891158146783712e-05)
('Test Score: ', 7.4891158146783712e-05)
```

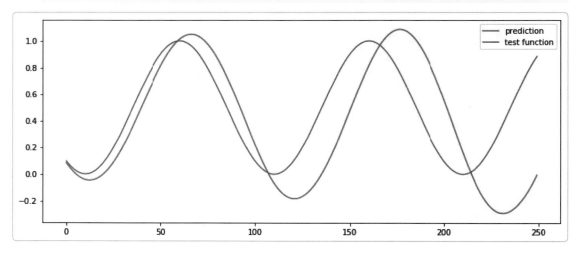

初期的振幅和周期都一致，但后期结果的振幅和周期都有增大的趋势。

❑ Stateful 循环神经网络模型

```
# 0. 调用要使用的包
import keras
import numpy as np
from keras.models import Sequential
from keras.layers import Dense, LSTM, Dropout
from sklearn.preprocessing import MinMaxScaler
import matplotlib.pyplot as plt
%matplotlib inline

def create_dataset(signal_data, look_back=1):
    dataX, dataY = [], []
    for i in range(len(signal_data)-look_back):
        dataX.append(signal_data[i:(i+look_back), 0])
        dataY.append(signal_data[i + look_back, 0])
    return np.array(dataX), np.array(dataY)
```

```python
class CustomHistory(keras.callbacks.Callback):
    def init(self):
        self.train_loss = []
        self.val_loss = []

    def on_epoch_end(self, batch, logs={}):
        self.train_loss.append(logs.get('loss'))
        self.val_loss.append(logs.get('val_loss'))

look_back = 40

# 1. 生成数据集
signal_data = np.cos(np.arange(1600)*(20*np.pi/1000))[:,None]

# 数据预处理
scaler = MinMaxScaler(feature_range=(0, 1))
signal_data = scaler.fit_transform(signal_data)

# 分离数据
train = signal_data[0:800]
val = signal_data[800:1200]
test = signal_data[1200:]

# 生成数据集
x_train, y_train = create_dataset(train, look_back)
x_val, y_val = create_dataset(val, look_back)
x_test, y_test = create_dataset(test, look_back)

# 数据集预处理
x_train = np.reshape(x_train, (x_train.shape[0], x_train.shape[1], 1))
x_val = np.reshape(x_val, (x_val.shape[0], x_val.shape[1], 1))
x_test = np.reshape(x_test, (x_test.shape[0], x_test.shape[1], 1))

# 2. 搭建模型
model = Sequential()
model.add(LSTM(32, batch_input_shape=(1, look_back, 1), stateful=True))
model.add(Dropout(0.3))
model.add(Dense(1))

# 3. 设置模型训练过程
model.compile(loss='mean_squared_error', optimizer='adam')

# 4. 训练模型
custom_hist = CustomHistory()
custom_hist.init()

for i in range(200):
    model.fit(x_train, y_train, epochs=1, batch_size=1, shuffle=False, callbacks=[custom_hist], validation_data=(x_val, y_val))
    model.reset_states()

# 5. 查看训练过程
plt.plot(custom_hist.train_loss)
plt.plot(custom_hist.val_loss)
plt.ylim(0.0, 0.15)
```

```
plt.ylabdl('loss')
plt.xlabdl('epoch')
plt.legend(['train', 'val'], loc='upper left')
plt.show()

# 6. 评价模型
trainScore = model.evaluate(x_train, y_train, batch_size=1, verbose=0)
model.reset_states()
print('Train Score: ', trainScore)
valScore = model.evaluate(x_val, y_val, batch_size=1, verbose=0)
model.reset_states()
print('Validation Score: ', valScore)
testScore = model.evaluate(x_test, y_test, batch_size=1, verbose=0)
model.reset_states()
print('Test Score ', testScore)

# 7. 使用模型
look_ahead = 250
xhat = x_test[0]
predictions = np.zeros((look_ahead,1))
for i in range(look_ahead):
    prediction = model.predict(np.array([xhat]), batch_size=1)
    predictions[i] = prediction
    xhat = np.vstack([xhat[1:],prediction])

plt.figure(figsize=(12,5))
plt.plot(np.arange(look_ahead),predictions,'r',label="prediction")
plt.plot(np.arange(look_ahead),y_test[:look_ahead],label="test function")
plt.legend()
plt.show()


Train on 760 samples, validate on 360 samples
Epoch 1/1
760/760 [==============================] - 2s - loss: 0.0380 - val_loss: 0.0037
Train on 760 samples, validate on 360 samples
Epoch 1/1
760/760 [==============================] - 2s - loss: 0.0069 - val_loss: 0.0027
Train on 760 samples, validate on 360 samples
...
Train on 760 samples, validate on 360 samples
Epoch 1/1
760/760 [==============================] - 2s - loss: 0.0020 - val_loss: 1.0952e-05
Train on 760 samples, validate on 360 samples
Epoch 1/1
760/760 [==============================] - 2s - loss: 0.0018 - val_loss: 1.4292e-04
('Train Score: ', 0.00014427978166400173)
('Validation Score: ', 0.00014291753732250791)
('Test Score: ', 0.00014291752412232128)
```

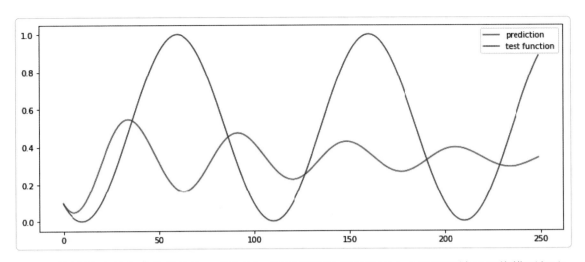

虽然结果呈现余弦曲线趋势，但与同一训练周期及相同单元大小的循环神经网络模型相比，结果并不理想。

- Stateful 叠加循环神经网络模型

```
# 0. 调用要使用的包
import keras
import numpy as np
from keras.models import Sequential
from keras.layers import Dense, LSTM, Dropout
from sklearn.preprocessing import MinMaxScaler
import matplotlib.pyplot as plt
%matplotlib inline

def create_dataset(signal_data, look_back=1):
    dataX, dataY = [], []
    for i in range(len(signal_data)-look_back):
        dataX.append(signal_data[i:(i+look_back), 0])
        dataY.append(signal_data[i + look_back, 0])
    return np.array(dataX), np.array(dataY)


class CustomHistory(keras.callbacks.Callback):
    def init(self):
        self.train_loss = []
        self.val_loss = []

    def on_epoch_end(self, batch, logs={}):
        self.train_loss.append(logs.get('loss'))
        self.val_loss.append(logs.get('val_loss'))

look_back = 40

# 1. 生成数据集
signal_data = np.cos(np.arange(1600)*(20*np.pi/1000))[:,None]
```

```python
# 数据预处理
scaler = MinMaxScaler(feature_range=(0, 1))
signal_data = scaler.fit_transform(signal_data)

# 分离数据
train = signal_data[0:800]
val = signal_data[800:1200]
test = signal_data[1200:]

# 生成数据集
x_train, y_train = create_dataset(train, look_back)
x_val, y_val = create_dataset(val, look_back)
x_test, y_test = create_dataset(test, look_back)

# 数据集预处理
x_train = np.reshape(x_train, (x_train.shape[0], x_train.shape[1], 1))
x_val = np.reshape(x_val, (x_val.shape[0], x_val.shape[1], 1))
x_test = np.reshape(x_test, (x_test.shape[0], x_test.shape[1], 1))

# 2. 搭建模型
model = Sequential()
for i in range(2):
    model.add(LSTM(32, batch_input_shape=(1, look_back, 1), stateful=True, return_
sequences=True))
    model.add(Dropout(0.3))
model.add(LSTM(32, batch_input_shape=(1, look_back, 1), stateful=True))
model.add(Dropout(0.3))
model.add(Dense(1))

# 3. 设置模型训练过程
model.compile(loss='mean_squared_error', optimizer='adam')

# 4. 训练模型
custom_hist = CustomHistory()
custom_hist.init()

for i in range(200):
    model.fit(x_train, y_train, epochs=1, batch_size=1, shuffle=False, callbacks=[custom_
hist], validation_data=(x_val, y_val))
    model.reset_states()

# 5. 查看训练过程
plt.plot(custom_hist.train_loss)
plt.plot(custom_hist.val_loss)
plt.ylim(0.0, 0.15)
plt.ylabel('loss')
plt.xlabel('epoch')
plt.legend(['train', 'val'], loc='upper left')
plt.show()

# 6. 评价模型
trainScore = model.evaluate(x_train, y_train, batch_size=1, verbose=0)
model.reset_states()
print('Train Score: ', trainScore)
valScore = model.evaluate(x_val, y_val, batch_size=1, verbose=0)
model.reset_states()
print('Validation Score: ', valScore)
testScore = model.evaluate(x_test, y_test, batch_size=1, verbose=0)
```

```
model.reset_states()
print('Test Score ', testScore)

# 7. 使用模型
look_ahead = 250
xhat = x_test[0]
predictions = np.zeros((look_ahead,1))
for i in range(look_ahead):
    prediction = model.predict(np.array([xhat]), batch_size=1)
    predictions[i] = prediction
    xhat = np.vstack([xhat[1:],prediction])

plt.figure(figsize=(12,5))
plt.plot(np.arange(look_ahead),predictions,'r',label="prediction")
plt.plot(np.arange(look_ahead),y_test[:look_ahead],label="test function")
plt.legend()
plt.show()

Train on 760 samples, validate on 360 samples
Epoch 1/1
760/760 [==============================] - 7s - loss: 0.0853 - val_loss: 0.0607
Train on 760 samples, validate on 360 samples
Epoch 1/1
760/760 [==============================] - 7s - loss: 0.0349 - val_loss: 0.0163
Train on 760 samples, validate on 360 samples
...
Train on 760 samples, validate on 360 samples
Epoch 1/1
760/760 [==============================] - 7s - loss: 0.0024 - val_loss: 0.0015
Train on 760 samples, validate on 360 samples
Epoch 1/1
760/760 [==============================] - 7s - loss: 0.0025 - val_loss: 0.0020
('Train Score: ', 0.0017874652914110839)
('Validation Score: ', 0.0018765704010765974)
('Test Score: ', 0.0018765704377772352)
```

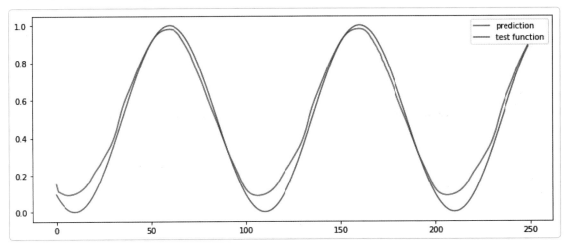

振幅和周期趋势都与预测几乎一致。最大振幅很接近，但最小振幅预测结果数据略高。

4.7.5 训练结果比较

下面比较各个模型的训练过程和结果。Stateful 循环神经网络模型的结果较好，但由于损失值的变化较大，所以需要确定数据稳定的节点。

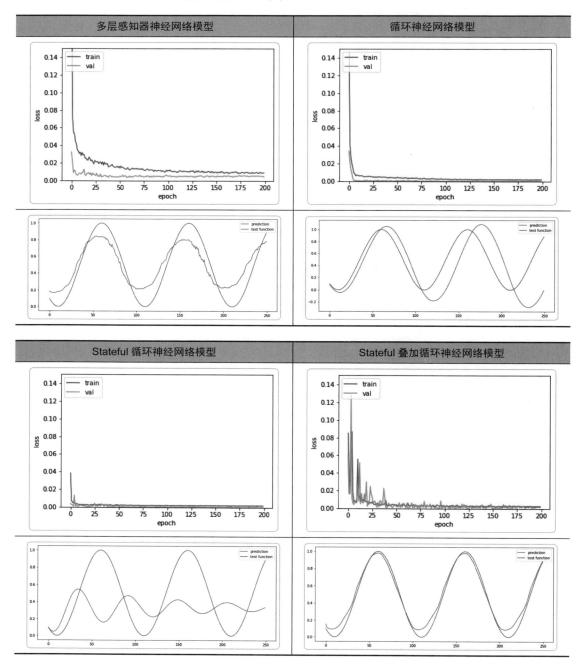

4.7.6　Q&A

Q1　Stateful 模式中也需要时间步数吗？既然知道之前 batch 的训练结果，那么时间步数应该必须设置为 1 吧？

A1　"状态"其实隐含了前面的训练状态中需要记忆的信息，而时间步数是对应 batch 中需要直接输入的数据。以天气预报为例，我们假设有如下几种情况：

❑ 每天的预报员不同；

❑ 预报员预报今天的天气；

❑ 为预报今天的天气，需要过去 4 天的信息数据。(时间步 =4)如果今天是 5 日，则需要根据 1、2、3、4 日的天气情况预测今天的天气。由于只需要看过去 4 天的数据，因此这里不使用 stateful 模型，而使用时间步数为 4 的 LSTM 模型。此处假设 5 日的预报员在预测今日天气时留下了笔记："根据过去 4 天的情况，马上会下一场大雨。"6 日的预报员虽然也会根据过去 4 天（2 日、3 日、4 日、5 日）的情况做判断，但也参考了 5 日的预报员留下的笔记（state）。6 日的预报员参考笔记的原因在于，他本身拿不到 1 日的数据。5 日的预报员的笔记中涵盖了 1 日、2 日、3 日、4 日的天气信息，那么 6 日的预报员的笔记如何呢？当然，除了 2 日、3 日、4 日、5 日的信息外，也考虑了 5 日的预报员的笔记，其中自然涵盖了 1 日、2 日、3 日、4 日、5 日的天气信息。以这种方式推理，10 日的预报员虽然直接根据 6 日、7 日、8 日、9 日的天气情况进行预报，但也参考了涵盖了 1~8 日信息的 9 日的预报员的笔记（state）。虽然每天的预报员只能直接得到前 4 天的天气情况，但通过笔记可以了解到一周之前有没有台风、干旱、暴雨等重要的天气情况。

Q2　在 Stateful 模式中，batch_size 的意义是什么？

A2　为将已完成训练的样本状态传递给下一样本，在 Stateful 模式中，通常将 batch_size 设置为 1。如将 batch_size 设置为 2，传递的状态将会是 2 倍数据。也就是说，用于具有 2 串不同类型的时间序列数据的情况。例如，预测股价时，如有 3 种类型，则应将 batch_size 设置为 3。在每个 batch 中分别训练 3 种类型的样本，并更新 3 个状态。此时，更新的权重全部是共享的。

Q3　在 Stateful 模式中，根据 batch_size 管理独立状态时，将一个模型的 batch_size 设置为 3，与使用 3 个模型有什么区别？

A3　这个问题与一位专家看 3 种类型的数据，或 3 位专家分别看一种类型的数据相似。如果一位专家同时训练多种类型的数据并对相关训练状态进行管理，那么由于他同时具备多种类型的训练经验，因此会对数据更加敏感，也更有洞察力。而某位专家只学习一个种类的数据的话，虽然会精通该种类，但其融会贯通的能力相对较差，很难理解复杂的多种类问题。

本节我们学习了通过输入时间序列数值预测数值的模型。为处理时间序列数据，我们使用了基本循环神经网络、Stateful 模型设定、叠加循环神经网络层等方法，并对其结果进行了比对。既然可以搭建多种形态的循环神经网络模型，那么为了找到最适合处理时间序列数据的模型，建议大家测试多种类型的模型并比对结果。本节以数据专家 Sachin Abeywardana 博士在其 GitHub 上展示的示例为基础编写，他欣然同意我们引用其代码，在此也向他表示感谢。

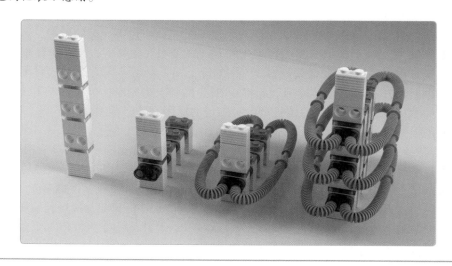

4.8 根据输入句子（时间序列数值）预测二元分类问题的模型示例

本节要讲解的是通过输入的句子进行二元分类的模型示例。由于语言具有时间序列的性质，因此，用文字表达语言的句子也具有时间序列的性质。为了将句子输入到模型中，需要使用编码方法，并搭建多种二元分类的模型，并观察各自的训练结果。这些模型可以将句子或时间序列数值分类为阳性 / 阴性，或用于判断某一活动是否发生。

4.8.1 准备数据集

我们将使用 IMDB 提供的影评数据集。该数据集共提供 25 000 个训练集，以及 25 000 个测试集样本。分别将标签 0 和 1 指定为喜欢 / 不喜欢。调用 Keras 中提供的 imdb 的 load_data 函数，可以轻松获取数据集信息。数据集已经被编码为整数，整数值表示单词出现的频率。由于无法覆盖全部单词，所以只以出现频率较高的单词为主生成数据集。如果希望只以使用频率排名前 20 000 的单词生成数据集，则将 num_words 参数指定为 20 000 即可。

```
from keras.datasets import imdb
(x_train, y_train), (x_test, y_test) = imdb.load_data(num_words=20000)
```

下面了解一下训练集数据的结构。输出 x_train 后，情况如下。

```
print(x_train)
```

```
array([ [1, 14, 22, 16, 43, 530, 973, 1622, 1385, 65, 458, 2, 66, 2, 4, 173, 36, 256, 5, 25, 100, 43, 838, 112, 50,
670, 2, 9, 35, 480, 284, 5, 150, 4, 172, 112, 167, 2, 336, 385, 39, 4, 172, 2, 1111, 17, 546, 38, 13, 447, 4, 192, 50,
16, 6, 147, 2, 19, 14, 22, 4, 1920, 2, 469, 4, 22, 71, 87, 12, 16, 43, 530, 38, 76, 15, 13, 1247, 4, 22, 17, 515, 17,
12, 16, 626, 18, 2, 5, 62, 386, 12, 8, 316, 8, 106, 5, 4, 2, 2, 16, 480, 66, 2, 33, 4, 130, 12, 16, 38, 619, 5, 25,
124, 51, 36, 135, 48, 25, 1415, 33, 6, 22, 12, 215, 28, 77, 52, 5, 14, 407, 16, 82, 2, 8, 4, 107, 117, 2, 15, 256, 4,
2, 7, 2, 5, 723, 36, 71, 43, 530, 476, 26, 400, 317, 46, 7, 4, 2, 1029, 13, 104, 88, 4, 381, 15, 297, 98, 32, 2, 56,
26, 141, 6, 194, 2, 18, 4, 226, 22, 21, 134, 476, 26, 480, 5, 144, 30, 2, 18, 51, 36, 28, 224, 92, 25, 104, 4, 226,
65, 16, 38, 1334, 88, 12, 16, 283, 5, 16, 2, 113, 103, 32, 15, 16, 2, 19, 178, 32],
      ...,
      [1, 17, 6, 194, 337, 7, 4, 204, 22, 45, 254, 8, 106, 14, 123, 4, 2, 270, 2, 5, 2, 2, 732, 2, 101, 405, 39, 14,
1034, 4, 1310, 9, 115, 50, 305, 12, 47, 4, 168, 5, 235, 7, 38, 111, 699, 102, 7, 4, 2, 2, 9, 24, 6, 78, 1099, 17, 2,
2, 21, 27, 2, 5, 2, 1603, 92, 1183, 4, 1310, 7, 4, 204, 42, 97, 90, 35, 221, 109, 29, 127, 27, 118, 8, 97, 12, 157,
21, 2, 2, 9, 6, 66, 78, 1099, 4, 631, 1191, 5, 2, 272, 191, 1070, 6, 2, 8, 2, 2, 2, 544, 5, 383, 1271, 848, 1468, 2,
497, 2, 8, 1597, 2, 2, 21, 60, 27, 239, 9, 43, 2, 209, 405, 10, 10, 12, 764, 40, 4, 248, 20, 12, 16, 5, 174, 1791, 72,
7, 51, 6, 1739, 22, 4, 204, 131, 9]], dtype=object)
```

共有 25 000 个样本，每个样本代表一段影评文字，由单词索引构成。由于指定参数 num_sords=20000,因此出现频率低于前 20 000 的单词没有体现。下面将 25 000 个训练集数据重新分离为 20 000 个训练集和 5000 个验证集。

```
x_val = x_train[20000:]
y_val = y_train[20000:]
x_train = x_train[:20000]
y_train = y_train[:20000]
```

由于影评长短不同，因此每个样本的长短也各不相同。短评只有数十个单词，长评则会包含数千个甚至更多单词。由于对模型进行输入时要求使用固定长度，因此此时需调用 Keras 中提供的 sequence 的 pad_sequences 预处理函数。该函数具有如下两个作用。

- ❑ 通过 maxlen 参数体现句子长度。例如，将参数指定为 200，那么比 200 短的句子用 0 补全不足 200 的部分，比 200 长的句子则只截取到第 200 个单词为止。
- ❑ 通过（num_samples, num_timesteps）生成二维 numpy 数组。如 maxlen 参数指定为 200，那么 num_timesteps 也为 200。

```
from keras.preprocessing import sequence

x_train = sequence.pad_sequences(x_train, maxlen=200)
x_val = sequence.pad_sequences(x_val, maxlen=200)
x_test = sequence.pad_sequences(x_test, maxlen=200)
```

4.8.2 准备层

本节将使用如下模块。

模　块	名　称	说　明
	Embedding	将单词向量化，使其能够映射到语义几何空间
	Conv1D	使用过滤器，提取区域性特征
	GlobalMaxPooling1D	多个向量信息中，返回最大向量信息
	MaxPooling1D	输入向量中，在每个特定区间选值组成向量后返回

4.8.3　准备模型

为解决输入句子后的二元分类问题，我们准备了多层感知器神经网络模型、循环神经网络模型、卷积神经网络模型、循环卷积神经网络模型。

- 多层感知器神经网络模型

首先了解一下嵌入层。嵌入层的参数如下。

❑ 第一个参数（input_dim）：指单词词典的大小，共有 20 000 个单词种类。该值必须与前面提到的 imdb.loan_data 函数中的 num_words 参数值相同。

❑ 第二个参数（output_dim）：指单词编码后输出的向量大小。如果指定为 128，则指通过 128 维的语义几何空间表现单词。如果只通过出现频率来表示单词，那么虽然 10 和 11 的频率值很接近，但从单词的角度看则是两个意义完全不同的词。然而在语义几何空间中，距离相近的两个单词意义也相似。也就是说，可以将嵌入层理解为，把输入的单词置于设计好的语义空间，然后数值化为向量。

❑ input_length：单词数量，即句子的长度。嵌入层的输出大小即为样本数的 output_dim input_lenth。嵌入层之后连接的是 Flatten 层时，必须指定 input_lenth 的值。Flatten 层需要知道输入大小，才能转换为一维数据，并向 Dense 层传递。

以下是编码为嵌入层后，通过 Dense 层分类的多层感知器神经网络模型。

```
model = Sequential()
model.add(Embedding(20000, 128, input_length=200))
model.add(Flatten())
model.add(Dense(256, activation='relu'))
model.add(Dense(1, activation='sigmoid'))
```

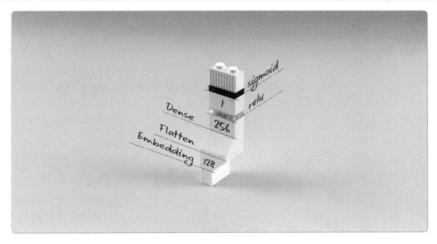

- **循环神经网络模型**

该模型将句子视为单词的序列，使用循环（LSTM）层的输入搭建而成。当嵌入层之后连接的是 LSTM 层时，不需另外设置 input_length 参数。input_length 会根据输入句子的长度而自动设置，因为在 LSTM 层中是通过 timesteps 输入的。如使用模块表示，那么由于示例中句子的长度为 200，所以想象为由 200 个 LSTM 模块连接即可。

```
model = Sequential()
model.add(Embedding(20000, 128))
model.add(LSTM(128))
model.add(Dense(1, activation='sigmoid'))
```

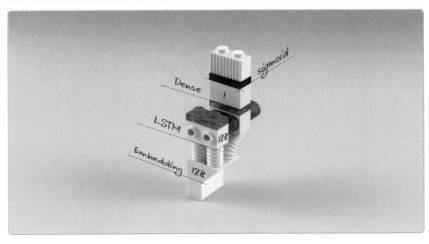

- **卷积神经网络模型**

该模型使用卷积（Conv1D）层解析句子。卷积层可以很好地抓取区域特征，而不受单词位置的影响。使用卷积层处理句子时，无论单词位于句子开头或结尾，都不会遗漏，可以根据前后的文章脉络抓取特征。GlobalMaxPooling1D 层从卷积层处理过的句子特定向量中选取最大向量值并返回。也就是抓取文章脉络中的主要特征，并选取其中最突出的特征。

```
model = Sequential()
model.add(Embedding(20000, 128, input_length=200))
model.add(Dropout(0.2))
model.add(Conv1D(256,
                 3,
                 padding='valid',
                 activation='relu',
                 strides=1))
model.add(GlobalMaxPooling1D())
model.add(Dense(128, activation='relu'))
model.add(Dropout(0.2))
model.add(Dense(1, activation='sigmoid'))
```

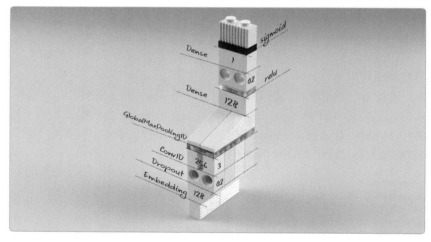

- **循环卷积神经网络模型**

该模型将卷积层中输出的特征向量通过最大池化（MaxPooling1D）层减少为 1/4 后，作为后面 LSTM 的输入值。此时最大池化层的作用不是缩短特征向量的长度，而是减少特征向量的数量。也就是说，200 个单词通过卷积层后，生成 198 个大小为 256 的特征向量，最大池化层从 198 个特征向量中选择 49 个。因此，LSTM 层的 timesteps 为 49，input_dim 是 256。

```
model = Sequential()
model.add(Embedding(20000, 128, input_length=200))
model.add(Dropout(0.2))
model.add(Conv1D(256,
                 3,
                 padding='valid',
                 activation='relu',
                 strides=1))
```

```
model.add(MaxPooling1D(pool_size=4))
model.add(LSTM(128))
model.add(Dense(1, activation='sigmoid'))
```

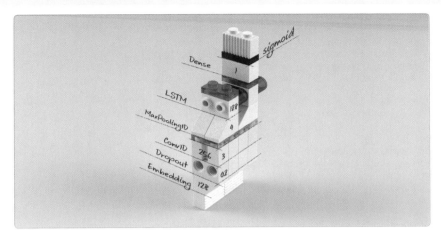

循环神经网络模型与循环卷积神经网络模型的结构中，LSTM 层的输入区别如下。

- 循环神经网络模型：LSTM 中输入的时间步数是嵌入层中输出的时间步数，为 200。特征大小为嵌入层中编码的 128。
- 循环卷积神经网络模型：LSTM 中输入的时间步数是 49，属性为 256。时间步数是 49 的原因是，在 Conv1D 中接收到 200 个单词，返回 198 个，并重新通过 MaxPooling1D 减少为 1/4 之后，输出 49 个。属性为 256 的原因是，Conv1D 接收嵌入层输出的 128 向量，返回 256。

4.8.4 全部代码

前面提到的多层感知器神经网络模型、循环神经网络模型、卷积神经网络模型、循环卷积神经网络模型的全部代码如下。

- 多层感知器神经网络模型

```
# 0. 调用要使用的包
from keras.datasets import imdb
from keras.preprocessing import sequence
from keras.models import Sequential
from keras.layers import Dense, Embedding
from keras.layers import Flatten

max_features = 20000
text_max_words = 200

# 1. 生成数据集

# 调用训练集和测试集
(x_train, y_train), (x_test, y_test) = imdb.load_data(num_words=max_features)
```

```python
# 分离训练集和验证集
x_val = x_train[20000:]
y_val = y_train[20000:]
x_train = x_train[:20000]
y_train = y_train[:20000]

# 数据集预处理：统一句子长度
x_train = sequence.pad_sequences(x_train, maxlen=text_max_words)
x_val = sequence.pad_sequences(x_val, maxlen=text_max_words)
x_test = sequence.pad_sequences(x_test, maxlen=text_max_words)

# 2. 搭建模型
model = Sequential()
model.add(Embedding(max_features, 128, input_length=text_max_words))
model.add(Flatten())
model.add(Dense(256, activation='relu'))
model.add(Dense(1, activation='sigmoid'))

# 3. 设置模型训练过程
model.compile(loss='binary_crossentropy', optimizer='adam', metrics=['accuracy'])

# 4. 训练模型
hist = model.fit(x_train, y_train, epochs=2, batch_size=64, validation_data=(x_val, y_val))

# 5. 查看训练过程
%matplotlib inline
import matplotlib.pyplot as plt

fig, loss_ax = plt.subplots()

acc_ax = loss_ax.twinx()

loss_ax.plot(hist.history['loss'], 'y', label='train loss')
loss_ax.plot(hist.history['val_loss'], 'r', label='val loss')
loss_ax.set_ylim([-0.2, 1.2])

acc_ax.plot(hist.history['acc'], 'b', label='train acc')
acc_ax.plot(hist.history['val_acc'], 'g', label='val acc')
acc_ax.set_ylim([-0.2, 1.2])

loss_ax.set_xlabel('epoch')
loss_ax.set_ylabel('loss')
acc_ax.set_ylabel('accuracy')

loss_ax.legend(loc='upper left')
acc_ax.legend(loc='lower left')

plt.show()

# 6. 评价模型
loss_and_metrics = model.evaluate(x_test, y_test, batch_size=64)
print('## evaluation loss and_metrics ##')
print(loss_and_metrics)
```

```
Train on 20000 samples, validate on 5000 samples
Epoch 1/2
20000/20000 [==============================] - 25s - loss: 0.4136 - acc: 0.7916 - val_loss:
0.3069 - val_acc: 0.8728
```

```
Epoch 2/2
20000/20000 [==============================] - 25s - loss:0.0534 - acc: 0.9810 - val_loss:
0.4522 - val_acc: 0.8484
24640/25000 [=========================>.] - ETA: 0s## evaluation loss and_metrics ##
[0.46098566806793212, 0.84436000003814693]
```

- 循环神经网络模型

```python
# 0. 调用要使用的包
from keras.datasets import imdb
from keras.preprocessing import sequence
from keras.models import Sequential
from keras.layers import Dense, Embedding, LSTM
from keras.layers import Flatten

max_features = 20000
text_max_words = 200

# 1. 生成数据集

# 调用训练集和测试集
(x_train, y_train), (x_test, y_test) = imdb.load_data(num_words=max_features)

# 分离训练集和验证集
x_val = x_train[20000:]
y_val = y_train[20000:]
x_train = x_train[:20000]
y_train = y_train[:20000]

# 数据集预处理：统一句子长度
x_train = sequence.pad_sequences(x_train, maxlen=text_max_words)
x_val = sequence.pad_sequences(x_val, maxlen=text_max_words)
x_test = sequence.pad_sequences(x_test, maxlen=text_max_words)

# 2. 搭建模型
model = Sequential()
model.add(Embedding(max_features, 128))
model.add(LSTM(128))
model.add(Dense(1, activation='sigmoid'))

# 3. 设置模型训练过程
model.compile(loss='binary_crossentropy', optimizer='adam', metrics=['accuracy'])

# 4. 训练模型
hist = model.fit(x_train, y_train, epochs=2, batch_size=64, validation_data=(x_val, y_val))

# 5. 查看训练过程
%matplotlib inline
import matplotlib.pyplot as plt

fig, loss_ax = plt.subplots()

acc_ax = loss_ax.twinx()

loss_ax.plot(hist.history['loss'], 'y', label='train loss')
loss_ax.plot(hist.history['val_loss'], 'r', label='val loss')
loss_ax.set_ylim([-0.2, 1.2])
```

```
acc_ax.plot(hist.history['acc'], 'b', label='train acc')
acc_ax.plot(hist.history['val_acc'], 'g', label='val acc')
acc_ax.set_ylim([-0.2, 1.2])

loss_ax.set_xlabel('epoch')
loss_ax.set_ylabel('loss')
acc_ax.set_ylabel('accuracy')

loss_ax.legend(loc='upper left')
acc_ax.legend(loc='lower left')

plt.show()

# 6. 评价模型
loss_and_metrics = model.evaluate(x_test, y_test, batch_size=64)
print('## evaluation loss and_metrics ##')
print(loss_and_metrics)
```

```
Train on 20000 samples, validate on 5000 samples
Epoch 1/2
20000/20000 [==============================] - 139s - loss: 0.4392 - acc: 0.7882 - val_loss:
0.3288 - val_acc: 0.8658
Epoch 2/2
20000/20000 [==============================] - 140s - loss: 0.2295 - acc: 0.9137 - val_loss:
0.3181 - val_acc: 0.8702
25000/25000 [==============================] - 37s
## evaluation loss and_metrics ##
[0.34819652654647826, 0.86111999996185307]
```

- **卷积神经网络模型**

```
# 0. 调用要使用的包
from keras.datasets import imdb
from keras.preprocessing import sequence
from keras.models import Sequential
from keras.layers import Dense, Embedding, LSTM
from keras.layers import Flatten, Dropout
from keras.layers import Conv1D, GlobalMaxPooling1D

max_features = 20000
text_max_words = 200

# 1. 生成数据集

# 调用训练集和测试集
(x_train, y_train), (x_test, y_test) = imdb.load_data(num_words=max_features)

# 分离训练集和验证集
x_val = x_train[20000:]
y_val = y_train[20000:]
x_train = x_train[:20000]
y_train = y_train[:20000]

# 数据集预处理：统一句子长度
x_train = sequence.pad_sequences(x_train, maxlen=text_max_words)
x_val = sequence.pad_sequences(x_val, maxlen=text_max_words)
x_test = sequence.pad_sequences(x_test, maxlen=text_max_words)
```

```
# 2. 搭建模型
model = Sequential()
model.add(Embedding(max_features, 128, input_length=text_max_words))
model.add(Dropout(0.2))
model.add(Conv1D(256,
                 3,
                 padding='valid',
                 activation='relu',
                 strides=1))
model.add(GlobalMaxPooling1D())
model.add(Dense(128, activation='relu'))
model.add(Dropout(0.2))
model.add(Dense(1, activation='sigmoid'))

# 3. 设置模型训练过程
model.compile(loss='binary_crossentropy', optimizer='adam', metrics=['accuracy'])

# 4. 训练模型
hist = model.fit(x_train, y_train, epochs=2, batch_size=64, validation_data=(x_val, y_val))

# 5. 查看训练过程
%matplotlib inline
import matplotlib.pyplot as plt

fig, loss_ax = plt.subplots()

acc_ax = loss_ax.twinx()

loss_ax.plot(hist.history['loss'], 'y', label='train loss')
loss_ax.plot(hist.history['val_loss'], 'r', label='val loss')
loss_ax.set_ylim([-0.2, 1.2])

acc_ax.plot(hist.history['acc'], 'b', label='train acc')
acc_ax.plot(hist.history['val_acc'], 'g', label='val acc')
acc_ax.set_ylim([-0.2, 1.2])

loss_ax.set_xlabel('epoch')
loss_ax.set_ylabel('loss')
acc_ax.set_ylabel('accuracy')

loss_ax.legend(loc='upper left')
acc_ax.legend(loc='lower left')

plt.show()

# 6. 评价模型
loss_and_metrics = model.evaluate(x_test, y_test, batch_size=64)
print('## evaluation loss and_metrics ##')
print(loss_and_metrics)


Train on 20000 samples, validate on 5000 samples
Epoch 1/2
20000/20000 [==============================] - 68s - loss: 0.4382 - acc: 0.7823 - val_loss:
0.2904 - val_acc: 0.8762
Epoch 2/2
20000/20000 [==============================] - 67s - loss: 0.2153 - acc: 0.9157 - val_loss:
0.3163 - val_acc: 0.8690
24960/25000 [=========================>.] - ETA: 0s## evaluation loss and_metrics ##
[0.32697385798454287, 0.86023999996185307]
```

- 循环卷积神经网络模型

```python
# 0. 调用要使用的包
from keras.datasets import imdb
from keras.preprocessing import sequence
from keras.models import Sequential
from keras.layers import Dense, Embedding, LSTM
from keras.layers import Flatten, Dropout
from keras.layers import Conv1D, MaxPooling1D

max_features = 20000
text_max_words = 200

# 1. 生成数据集

# 调用训练集和测试集
(x_train, y_train), (x_test, y_test) = imdb.load_data(num_words=max_features)

# 分离训练集和验证集
x_val = x_train[20000:]
y_val = y_train[20000:]
x_train = x_train[:20000]
y_train = y_train[:20000]

# 数据集预处理：统一句子长度
x_train = sequence.pad_sequences(x_train, maxlen=text_max_words)
x_val = sequence.pad_sequences(x_val, maxlen=text_max_words)
x_test = sequence.pad_sequences(x_test, maxlen=text_max_words)

# 2. 搭建模型
model = Sequential()
model.add(Embedding(max_features, 128, input_length=text_max_words))
model.add(Dropout(0.2))
model.add(Conv1D(256,
                 3,
                 padding='valid',
                 activation='relu',
                 strides=1))
model.add(MaxPooling1D(pool_size=4))
model.add(LSTM(128))
model.add(Dense(1, activation='sigmoid'))

# 3. 设置模型训练过程
model.compile(loss='binary_crossentropy', optimizer='adam', metrics=['accuracy'])

# 4. 训练模型
hist = model.fit(x_train, y_train, epochs=2, batch_size=64, validation_data=(x_val, y_val))

# 5. 查看训练过程
%matplotlib inline
import matplotlib.pyplot as plt

fig, loss_ax = plt.subplots()

acc_ax = loss_ax.twinx()
```

```
loss_ax.plot(hist.history['loss'], 'y', label='train loss')
loss_ax.plot(hist.history['val_loss'], 'r', label='val loss')
loss_ax.set_ylim([-0.2, 1.2])

acc_ax.plot(hist.history['acc'], 'b', label='train acc')
acc_ax.plot(hist.history['val_acc'], 'g', label='val acc')
acc_ax.set_ylim([-0.2, 1.2])

loss_ax.set_xlabel('epoch')
loss_ax.set_ylabel('loss')
acc_ax.set_ylabel('accuracy')

loss_ax.legend(loc='upper left')
acc_ax.legend(loc='lower left')

plt.show()

# 6. 评价模型
loss_and_metrics = model.evaluate(x_test, y_test, batch_size=64)
print('## evaluation loss and_metrics ##')
print(loss_and_metrics)

Train on 20000 samples, validate on 5000 samples
Epoch 1/2
20000/20000 [==============================] - 191s - loss: 0.3976 - acc: 0.8088 - val_loss:
0.3251 - val_acc: 0.8636
Epoch 2/2
20000/20000 [==============================] - 185s - loss: 0.1895 - acc: 0.9301 - val_loss:
0.3049 - val_acc: 0.8764
25000/25000 [==============================] - 63s
## evaluation loss and_metrics ##
[0.33583777394294739, 0.85948000000000002]
```

4.8.5　训练结果比较

相比于简单的多层感知器神经网络模型，使用循环层或卷积层的模型性能更高。

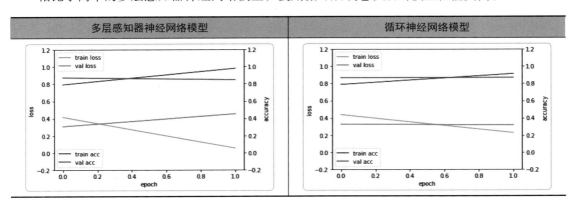

卷积神经网络模型	循环卷积神经网络模型
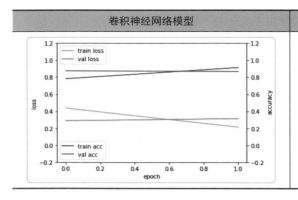	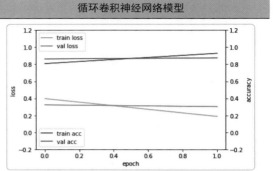

小结

　　本节针对输入句子进行二元分类的问题搭建了多个模型，并分别比较了各自的性能。处理时间序列数据时，可使用多层感知器神经网络模型、卷积神经网络模型、循环神经网络模型等多种模型。模型的准确率并不与模型的复杂程度正相关，但我们应尝试开发多种模型，并通过调优参数优化模型。

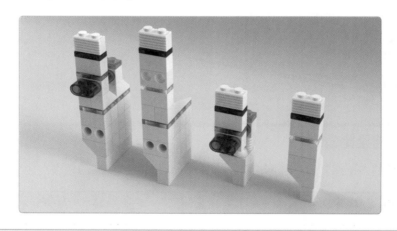

4.9 输入句子（时间序列数值）预测多元分类问题的模型示例

　　本节将了解输入句子（时间序列数值）预测多元分类问题的模型示例。为解决多元分类问题，我们将首先处理数据集，并搭建多种模型。此类模型可以解决根据数据的句子或时间序列数值进行分类的问题。

4.9.1 准备数据集

我们将使用路透社提供的 newswire 数据集。该数据集共包含 11 228 个样本，标签值指定为 0~45 的值，表示共有 46 个主题。调用 Keras 中提供的 reuters 的 load_date 函数即可轻松获取数据集。数据集已经被编码为整数，整数值代表单词出现的频率。由于无法覆盖全部单词，故只以出现频率较高的单词为主生成数据集。如果希望以使用频率排名前 15 000 的单词生成数据集，则将 num_words 参数指定为 15 000。

```
from keras.datasets import imdb
(x_train, y_train), (x_test, y_test) = reuters.load_data(num_words=15000)
```

加载出来的数据集共有 11 228 个样本，其中 8982 个属于训练集，2246 个为测试集。训练集和测试集的个数比例可以通过 load_data 函数中的 test_split 参数进行调节。每个样本代表一则新闻，由单词的索引构成。由于指定了 num_words=15000，因此出现频率低于前 15 000 的单词没有加载。下面将 8982 个训练集数据中的 7000 个分离为训练集，其余分离为验证集。

```
x_val = x_train[7000:]
y_val = y_train[7000:]
x_train = x_train[:7000]
y_train = y_train[:7000]
```

由于各样本的长度各不相同，因此在输入模型前，需调用 Keras 中提供的 sequence 的 pad_sequences 预处理函数。该函数具有如下两个作用。

❏ 通过 maxlen 参数统一句子长度。例如，将参数指定为 120，那么比 120 短的句子用 0 补全不足 120 的部分，比 120 长的句子则只截取到第 120 个单词为止。

❏ 通过（num_samples, num_timesteps）生成二维 numpy 数组。如 maxlen 参数指定为 120，那么 num_timesteps 也为 120。

```
from keras.preprocessing import sequence

x_train = sequence.pad_sequences(x_train, maxlen=120)
x_val = sequence.pad_sequences(x_val, maxlen=120)
x_test = sequence.pad_sequences(x_test, maxlen=120)
```

4.9.2 准备层

本节使用的模块与 4.8 节中的模块仅输出层的激活函数不同，故不进行重复介绍。

4.9.3 准备模型

为解决输入句子进行多元分类的问题，我们准备了多层感知器神经网络模型、循环神经网络模型、卷积神经网络模型、循环卷积神经网络模型。

- 多层感知器神经网络模型

嵌入层将指定为 0~45 的整数值编码为 128 向量。由于句子的长度为 120，因此嵌入层将返回 120 个属性为 128 的向量。通过 Flatten 层生成一维向量后，传递至全连接层。由于需要分类 46 种主题，因此调用输出层的 softmax 激活函数。

```
model = Sequential()
model.add(Embedding(15000, 128, input_length=120))
model.add(Flatten())
model.add(Dense(256, activation='relu'))
model.add(Dense(46, activation='softmax'))
```

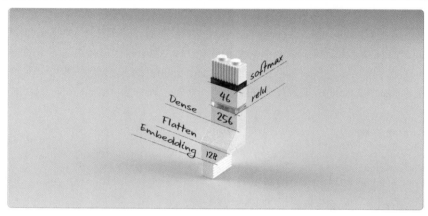

- 循环神经网络模型

该模型中，将嵌入层返回的 120 个向量作为 LSTM 的时间步数输入。LSTM 的 input_dim 为嵌入层中被编码的向量大小 128。

```
model = Sequential()
model.add(Embedding(15000, 128))
model.add(LSTM(128))
model.add(Dense(46, activation='softmax'))
```

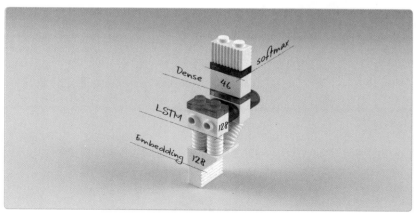

- **卷积神经网络模型**

该模型将嵌入层返回的 120 个向量适用于卷积过滤器。过滤器大小为 3 的卷积层接收 120 个输入向量，返回 118 个向量。向量通过卷积层时，大小会由 128 增加到 256。GlobalMaxPooling 层从输入的 118 个向量中选取最大向量并返回，该向量通过全连接层后进行多元分类预测。

```python
model = Sequential()
model.add(Embedding(15000, 128, input_length=120))
model.add(Dropout(0.2))
model.add(Conv1D(256,
                 3,
                 padding='valid',
                 activation='relu',
                 strides=1))
model.add(GlobalMaxPooling1D())
model.add(Dense(128, activation='relu'))
model.add(Dropout(0.2))
model.add(Dense(46, activation='softmax'))
```

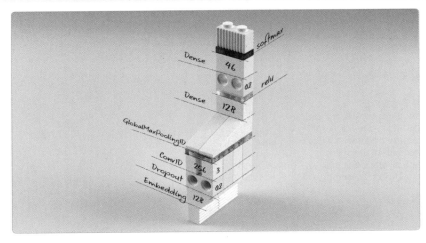

- **循环卷积神经网络模型**

该模型将卷积层中输出的特征向量通过最大池化（MaxPooling1D）层减少为 1/4 后，作为后面 LSTM 的输入值。卷积层返回的 118 个向量通过最大池化层后减少为 1/4，返回 29 个。因此 LSTM 层的 timesteps 为 49，input_dim 是 256。

```python
model = Sequential()
model.add(Embedding(max_features, 128, input_length=text_max_words))
model.add(Dropout(0.2))
model.add(Conv1D(256,
                 3,
                 padding='valid',
                 activation='relu',
                 strides=1))
model.add(MaxPooling1D(pool_size=4))
model.add(LSTM(128))
model.add(Dense(46, activation='softmax'))
```

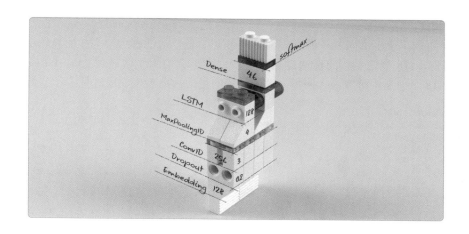

4.9.4 全部代码

前面提到的多层感知器神经网络模型、循环神经网络模型、卷积神经网络模型、循环卷积神经网络模型的全部代码如下。

- 多层感知器神经网络模型

```python
# 0. 调用要使用的包
from keras.datasets import reuters
from keras.utils import np_utils
from keras.preprocessing import sequence
from keras.models import Sequential
from keras.layers import Dense, Embedding
from keras.layers import Flatten

max_features = 15000
text_max_words = 120

# 1. 生成数据集

# 调用训练集和测试集
(x_train, y_train), (x_test, y_test) = reuters.load_data(num_words=max_features)

# 分离训练集和验证集
x_val = x_train[7000:]
y_val = y_train[7000:]
x_train = x_train[:7000]
y_train = y_train[:7000]

# 数据集预处理：统一句子长度
x_train = sequence.pad_sequences(x_train, maxlen=text_max_words)
x_val = sequence.pad_sequences(x_val, maxlen=text_max_words)
x_test = sequence.pad_sequences(x_test, maxlen=text_max_words)

# 独热编码
y_train = np_utils.to_categorical(y_train)
y_val = np_utils.to_categorical(y_val)
y_test = np_utils.to_categorical(y_test)
```

```
# 2. 搭建模型
model = Sequential()
model.add(Embedding(max_features, 128, input_length=text_max_words))
model.add(Flatten())
model.add(Dense(256, activation='relu'))
model.add(Dense(46, activation='softmax'))

# 3. 设置模型训练过程
model.compile(loss='categorical_crossentropy', optimizer='adam', metrics=['accuracy'])

# 4. 训练模型
hist = model.fit(x_train, y_train, epochs=10, batch_size=64, validation_data=(x_val, y_val))

# 5. 查看训练过程
%matplotlib inline
import matplotlib.pyplot as plt

fig, loss_ax = plt.subplots()

acc_ax = loss_ax.twinx()

loss_ax.plot(hist.history['loss'], 'y', label='train loss')
loss_ax.plot(hist.history['val_loss'], 'r', label='val loss')
loss_ax.set_ylim([0.0, 3.0])

acc_ax.plot(hist.history['acc'], 'b', label='train acc')
acc_ax.plot(hist.history['val_acc'], 'g', label='val acc')
acc_ax.set_ylim([0.0, 1.0])

loss_ax.set_xlabel('epoch')
loss_ax.set_ylabel('loss')
acc_ax.set_ylabel('accuracy')

loss_ax.legend(loc='upper left')
acc_ax.legend(loc='lower left')

plt.show()

# 6. 评价模型
loss_and_metrics = model.evaluate(x_test, y_test, batch_size=64)
print('## evaluation loss and_metrics ##')
print(loss_and_metrics)

Train on 7000 samples, validate on 1982 samples
Epoch 1/10
7000/7000 [==============================] - 5s - loss: 1.9268 - acc: 0.5294 - val_loss:
1.4634 - val_acc: 0.6680
Epoch 2/10
7000/7000 [==============================] - 5s - loss: 0.8478 - acc: 0.8100 - val_loss:
1.2864 - val_acc: 0.7079
Epoch 3/10
7000/7000 [==============================] - 5s - loss: 0.2852 - acc: 0.9509 - val_loss:
1.3537 - val_acc: 0.6897
...
Epoch 8/10
7000/7000 [==============================] - 5s - loss: 0.1166 - acc: 0.9627 - val_loss:
1.3509 - val_acc: 0.7023
Epoch 9/10
```

```
7000/7000 [==============================] - 5s - loss: 0.1038 - acc: 0.9630 - val_loss:
1.3978 - val_acc: 0.7043
Epoch 10/10
7000/7000 [==============================] - 5s - loss: 0.1020 - acc: 0.9647 - val_loss:
1.3995 - val_acc: 0.7003
1600/2246 [=====================>........] - ETA: 0s## evaluation loss and_metrics ##
[1.4420637417773743, 0.68788958147818347]
```

- 循环神经网络模型

```
# 0. 调用要使用的包
from keras.datasets import reuters
from keras.utils import np_utils
from keras.preprocessing import sequence
from keras.models import Sequential
from keras.layers import Dense, Embedding, LSTM
from keras.layers import Flatten

max_features = 15000
text_max_words = 120

# 1. 生成数据集

# 调用训练集和测试集
(x_train, y_train), (x_test, y_test) = reuters.load_data(num_words=max_features)

# 分离训练集和验证集
x_val = x_train[7000:]
y_val = y_train[7000:]
x_train = x_train[:7000]
y_train = y_train[:7000]

# 数据集预处理：统一句子长度
x_train = sequence.pad_sequences(x_train, maxlen=text_max_words)
x_val = sequence.pad_sequences(x_val, maxlen=text_max_words)
x_test = sequence.pad_sequences(x_test, maxlen=text_max_words)

# 独热编码
y_train = np_utils.to_categorical(y_train)
y_val = np_utils.to_categorical(y_val)
y_test = np_utils.to_categorical(y_test)

# 2. 搭建模型
model = Sequential()
model.add(Embedding(max_features, 128))
model.add(LSTM(128))
model.add(Dense(46, activation='softmax'))

# 3. 设置模型训练过程
model.compile(loss='categorical_crossentropy', optimizer='adam', metrics=['accuracy'])

# 4. 训练模型
hist = model.fit(x_train, y_train, epochs=10, batch_size=64, validation_data=(x_val, y_val))

# 5. 查看训练过程
%matplotlib inline
import matplotlib.pyplot as plt
```

```
fig, loss_ax = plt.subplots()

acc_ax = loss_ax.twinx()

loss_ax.plot(hist.history['loss'], 'y', label='train loss')
loss_ax.plot(hist.history['val_loss'], 'r', label='val loss')
loss_ax.set_ylim([0.0, 3.0])

acc_ax.plot(hist.history['acc'], 'b', label='train acc')
acc_ax.plot(hist.history['val_acc'], 'g', label='val acc')
acc_ax.set_ylim([0.0, 1.0])

loss_ax.set_xlabel('epoch')
loss_ax.set_ylabel('loss')
acc_ax.set_ylabel('accuracy')

loss_ax.legend(loc='upper left')
acc_ax.legend(loc='lower left')

plt.show()

# 6. 评价模型
loss_and_metrics = model.evaluate(x_test, y_test, batch_size=64)
print('## evaluation loss and_metrics ##')
print(loss_and_metrics)

Train on 7000 samples, validate on 1982 samples
Epoch 1/10
7000/7000 [==============================] - 5s - loss: 1.9268 - acc: 0.5294 - val_loss:
1.4634 - val_acc: 0.6680
Epoch 2/10
7000/7000 [==============================] - 5s - loss: 0.8478 - acc: 0.8100 - val_loss:
1.2864 - val_acc: 0.7079
Epoch 3/10
7000/7000 [==============================] - 5s - loss: 0.2852 - acc: 0.9509 - val_loss:
1.3537 - val_acc: 0.6897
...
Epoch 8/10
7000/7000 [==============================] - 30s - loss: 0.7274 - acc: 0.8060 - val_loss:
1.5494 - val_acc: 0.6231
Epoch 9/10
7000/7000 [==============================] - 30s - loss: 0.6143 - acc: 0.8366 - val_loss:
1.5657 - val_acc: 0.6756
Epoch 10/10
7000/7000 [==============================] - 30s - loss: 0.5041 - acc: 0.8711 - val_loss:
1.5731 - val_acc: 0.6705
2240/2246 [=============================>.] - ETA: 0s## evaluation loss and_metrics ##
[1.7008209377129164, 0.63980409619750878]
```

- 卷积神经网络模型

```
# 0. 调用要使用的包
from keras.datasets import reuters
from keras.utils import np_utils
from keras.preprocessing import sequence
from keras.models import Sequential
from keras.layers import Dense, Embedding, LSTM
from keras.layers import Flatten, Dropout
```

```python
from keras.layers import Conv1D, GlobalMaxPooling1D

max_features = 15000
text_max_words = 120

# 1. 生成数据集

# 调用训练集和测试集
(x_train, y_train), (x_test, y_test) = reuters.load_data(num_words=max_features)

# 分离训练集和验证集
x_val = x_train[7000:]
y_val = y_train[7000:]
x_train = x_train[:7000]
y_train = y_train[:7000]

# 数据集预处理：统一句子长度
x_train = sequence.pad_sequences(x_train, maxlen=text_max_words)
x_val = sequence.pad_sequences(x_val, maxlen=text_max_words)
x_test = sequence.pad_sequences(x_test, maxlen=text_max_words)

# 独热编码
y_train = np_utils.to_categorical(y_train)
y_val = np_utils.to_categorical(y_val)
y_test = np_utils.to_categorical(y_test)

# 2. 搭建模型
model = Sequential()
model.add(Embedding(max_features, 128, input_length=text_max_words))
model.add(Dropout(0.2))
model.add(Conv1D(256,
                 3,
                 padding='valid',
                 activation='relu',
                 strides=1))
model.add(GlobalMaxPooling1D())
model.add(Dense(128, activation='relu'))
model.add(Dropout(0.2))
model.add(Dense(46, activation='softmax'))

# 3. 设置模型训练过程
model.compile(loss='categorical_crossentropy', optimizer='adam', metrics=['accuracy'])

# 4. 训练模型
hist = model.fit(x_train, y_train, epochs=10, batch_size=64, validation_data=(x_val, y_val))

# 5. 查看训练过程
%matplotlib inline
import matplotlib.pyplot as plt

fig, loss_ax = plt.subplots()

acc_ax = loss_ax.twinx()

loss_ax.plot(hist.history['loss'], 'y', label='train loss')
loss_ax.plot(hist.history['val_loss'], 'r', label='val loss')
loss_ax.set_ylim([0.0, 3.0])
```

```
acc_ax.plot(hist.history['acc'], 'b', label='train acc')
acc_ax.plot(hist.history['val_acc'], 'g', label='val acc')
acc_ax.set_ylim([0.0, 1.0])

loss_ax.set_xlabel('epoch')
loss_ax.set_ylabel('loss')
acc_ax.set_ylabel('accuracy')

loss_ax.legend(loc='upper left')
acc_ax.legend(loc='lower left')

plt.show()

# 6. 评价模型
loss_and_metrics = model.evaluate(x_test, y_test, batch_size=64)
print('## evaluation loss and_metrics ##')
print(loss_and_metrics)
```

```
Train on 7000 samples, validate on 1982 samples
Epoch 1/10
7000/7000 [==============================] - 5s - loss: 1.9268 - acc: 0.5294 - val_loss:
1.4634 - val_acc: 0.6680
Epoch 2/10
7000/7000 [==============================] - 5s - loss: 0.8478 - acc: 0.8100 - val_loss:
1.2864 - val_acc: 0.7079
Epoch 3/10
7000/7000 [==============================] - 5s - loss: 0.2852 - acc: 0.9509 - val_loss:
1.3537 - val_acc: 0.6897
...
Epoch 8/10
7000/7000 [==============================] - 15s - loss: 0.3876 - acc: 0.8946 - val_loss:
1.1556 - val_acc: 0.7518
Epoch 9/10
7000/7000 [==============================] - 15s - loss: 0.3117 - acc: 0.9184 - val_loss:
1.2281 - val_acc: 0.7538
Epoch 10/10
7000/7000 [==============================] - 15s - loss: 0.2673 - acc: 0.9314 - val_loss:
1.2790 - val_acc: 0.7593
2240/2246 [=========================>.] - ETA: 0s## evaluation loss and_metrics ##
[1.3962882223239672, 0.73107747111273791]
```

- 循环卷积神经网络模型

```
# 0. 调用要使用的包
from keras.datasets import reuters
from keras.utils import np_utils
from keras.preprocessing import sequence
from keras.models import Sequential
from keras.layers import Dense, Embedding, LSTM
from keras.layers import Flatten, Dropout
from keras.layers import Conv1D, MaxPooling1D

max_features = 15000
text_max_words = 120

# 1. 生成数据集
```

```python
# 调用训练集和测试集
(x_train, y_train), (x_test, y_test) = reuters.load_data(num_words=max_features)

# 分离训练集和验证集
x_val = x_train[7000:]
y_val = y_train[7000:]
x_train = x_train[:7000]
y_train = y_train[:7000]

# 数据集预处理：统一句子长度
x_train = sequence.pad_sequences(x_train, maxlen=text_max_words)
x_val = sequence.pad_sequences(x_val, maxlen=text_max_words)
x_test = sequence.pad_sequences(x_test, maxlen=text_max_words)

# 独热编码
y_train = np_utils.to_categorical(y_train)
y_val = np_utils.to_categorical(y_val)
y_test = np_utils.to_categorical(y_test)

# 2. 搭建模型
model = Sequential()
model.add(Embedding(max_features, 128, input_length=text_max_words))
model.add(Dropout(0.2))
model.add(Conv1D(256,
                 3,
                 padding='valid',
                 activation='relu',
                 strides=1))
model.add(MaxPooling1D(pool_size=4))
model.add(LSTM(128))
model.add(Dense(46, activation='softmax'))

# 3. 设置模型训练过程
model.compile(loss='categorical_crossentropy', optimizer='adam', metrics=['accuracy'])

# 4. 训练模型
hist = model.fit(x_train, y_train, epochs=10, batch_size=64, validation_data=(x_val, y_val))

# 5. 查看训练过程
%matplotlib inline
import matplotlib.pyplot as plt

fig, loss_ax = plt.subplots()

acc_ax = loss_ax.twinx()

loss_ax.plot(hist.history['loss'], 'y', label='train loss')
loss_ax.plot(hist.history['val_loss'], 'r', label='val loss')
loss_ax.set_ylim([0.0, 3.0])

acc_ax.plot(hist.history['acc'], 'b', label='train acc')
acc_ax.plot(hist.history['val_acc'], 'g', label='val acc')
acc_ax.set_ylim([0.0, 1.0])

loss_ax.set_xlabel('epoch')
loss_ax.set_ylabel('loss')
acc_ax.set_ylabel('accuracy')
```

```
loss_ax.legend(loc='upper left')
acc_ax.legend(loc='lower left')

plt.show()

# 6. 评价模型
loss_and_metrics = model.evaluate(x_test, y_test, batch_size=64)
print('## evaluation loss and_metrics ##')
print(loss_and_metrics)
```

```
Train on 7000 samples, validate on 1982 samples
Epoch 1/10
7000/7000 [==============================] - 5s - loss: 1.9268 - acc: 0.5294 - val_loss:
1.4634 - val_acc: 0.6680
Epoch 2/10
7000/7000 [==============================] - 5s - loss: 0.8478 - acc: 0.8100 - val_loss:
1.2864 - val_acc: 0.7079
Epoch 3/10
7000/7000 [==============================] - 5s - loss: 0.2852 - acc: 0.9509 - val_loss:
1.3537 - val_acc: 0.6897
...
Epoch 8/10
7000/7000 [==============================] - 24s - loss: 0.4550 - acc: 0.8836 - val_loss:
1.4302 - val_acc: 0.6892
Epoch 9/10
7000/7000 [==============================] - 24s - loss: 0.3869 - acc: 0.9031 - val_loss:
1.4888 - val_acc: 0.6907
Epoch 10/10
7000/7000 [==============================] - 24s - loss: 0.3251 - acc: 0.9183 - val_loss:
1.4982 - val_acc: 0.6912
2240/2246 [===========================>.] - ETA: 0s## evaluation loss and_metrics ##
[1.580850478059356, 0.67497773820124662]
```

4.9.5 训练结果比较

相比于简单的多层感知器神经网络模型，使用循环层或卷积层的模型性能更高。

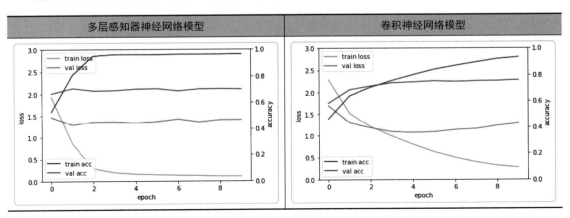

循环神经网络模型	循环卷积神经网络模型
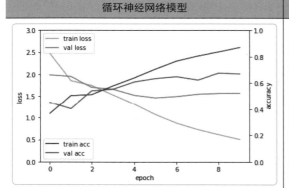	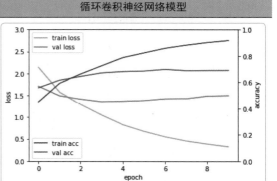

　　本节针对输入句子进行多元分类的问题搭建了多个模型，并分别比较了各自的性能。处理时间序列数据时，可使用多层感知器神经网络模型、卷积神经网络模型、循环神经网络模型等多种模型。将这种模型继续优化发展，应该能够实现通过听对话内容判断谈话气氛，或通过分析医生观点对疾病进行预测吧？

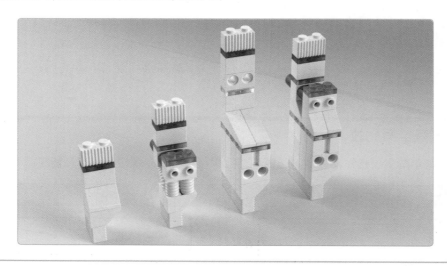

TURING

图灵教育

站在巨人的肩上

Standing on the Shoulders of Giants